装备科技译著出版基金

太空采矿与制造
——地外资源及变革性工程技术

Space Mining and Manufacturing
Off-World Resources and Revolutionary Engineering Techniques

[英] 戴维德·赛维莱拉（Davide Sivolella） 著

果琳丽 陈旭 黄铁球 阎梅芝 译

国防工业出版社

·北京·

著作权合同登记　　图字:01-2023-0574号

图书在版编目(CIP)数据

太空采矿与制造:地外资源及变革性工程技术/(英)戴维德·赛维莱拉(Davide Sivolella)著;果琳丽等译.—北京:国防工业出版社,2023.5

书名原文:Space Mining and Manufacturing:Off-World Resources and Revolutionary Engineering Techniques

ISBN 978-7-118-12881-9

Ⅰ.①太… Ⅱ.①戴…②果… Ⅲ.①空间资源—资源开发—研究 Ⅳ.①P17

中国国家版本馆CIP数据核字(2023)第074364号

First published in English under the title
Space Mining and Manufacturing:Off-World Resources and Revolutionary Engineering Techniques
by Davide Sivolella, edition:1
Copyright © Springer Nature Switzerland AG, 2019
This edition has been translated and published under licence from
Springer Nature Switzerland AG.
Springer Nature Switzerland AG takes on responsibility and shall not be made liable for the accuracy of the translation.

本书简体中文版由Spring出版社授权国防工业出版社独家出版发行。
版权所有,侵权必究。

※

国防工业出版社出版发行

(北京市海淀区紫竹院南路23号　邮政编码100048)
三河市腾飞印务有限公司印刷
新华书店经售

*

开本710×1000　1/16　彩插4　印张15　字数256千字
2023年5月第1版第1次印刷　印数1—2000册　定价99.00元

(本书如有印装错误,我社负责调换)

国防书店:(010)88540777　　书店传真:(010)88540776
发行业务:(010)88540717　　发行传真:(010)88540762

译者序

2022年是极其不平凡的一年,让地球上的人们充分感受到了病毒和战争对人类生命带来的威胁。尤其是爆发的俄乌冲突,让人们充分意识到:随着人口的增长,当今世界各国对石油、天然气等化石燃料、各种金属和其他稀土资源的需求都大幅度增加,能源问题已成为制约世界各国经济发展的关键问题。在俄乌冲突爆发后,随着西方社会对俄罗斯实施的制裁,俄罗斯总统普京发布相应的反制命令,切断了对西方的天然气等能源供应。根据公开的报道,战争导致整个西方社会物价上涨、人们生活成本的显著增加,以及社会不稳定因素加剧,伴随着能源和经济等突出问题必将进一步加大战争风险。更为悲观的是,根据2019年全球生态足迹网站颁布的数据,当前地球上的人类社会想要维持目前的生活状况,至少需要1.75个地球来提供资源的供应。预计到21世纪中叶,全球不可再生自然资源将会出现更大幅度短缺,因此必须要加快对新能源、新资源的开发和利用途径的探索。

随着太空探索技术的快速发展,人类对地外天体资源的认识和探测程度逐步加深,太空采矿为人类发展空间经济提供了新的选择。例如,在小行星上很可能蕴藏如铂、金等贵重金属或稀土材料(如铱、铑、钌、钯、锇等)。一颗富含铂的近地小行星,直径为30m类球形天体,体积约为4500m^3,质量约为5000t。目前,有超过100万个直径约为30m左右的小行星,其中的一些小行星上含有大量的水,而水电解后可以生成液氢和液氧,用作航天器的推进剂。根据初步估算,这些小行星所能提供的推进剂是地球可提供推进剂数量的100倍。此外,利用月球南极水冰和月壤资源也可制造出氢气、氧气、水、推进剂等消耗品，维持人类在月球上长期生存和工作所需。众所周知，在轨制造出的航天器推进剂的经济价值可比地球上同等质量的黄金价值还要高很多。

目前，世界各航天大国都高度关注地外天体资源开发利用的问题，其核心和关键问题就是如何实现太空采矿与在轨制造。这不仅是空间经济学和发展"新航天"的理论基础，而且涉及航天战略与空间安全、空间外交与法律、空间科学与航天工程、空间经济与商业等多个学科领域，因此美欧等国家均将实现以月球、小行星为代表的地外天体资源开发利用视为国家战略。太空采矿与在轨制造不仅可以推动航天新技术的开发和应用，延长各类空间飞行任务的在轨寿命，而且最重要的贡献是推动发展更具成本效益的空间运输系统，如太阳能电推进系统。如果能够开发出可以多次重复使用的多用途空间运输系统，就会大幅度拓展人类的活动空间，向月球和火星移民将成为现实。

近年来，围绕着以月球、小行星为代表的地外天体资源的开发利用技术，成为了各航天大国的"新边疆"和"高新技术"，也成为新的国家航天战略的制高点。美国在重返月球的 Artemis 任务中公布的备选着陆点与中国探月工程公布的国际月球科研站的选址点就有部分重合，存在潜在冲突。为确保所谓的国家利益和国家安全不受干扰，美欧等国不仅纷纷成立天军（Space Force），发展军事航天装备保卫"高边疆"、备战"深空战"，同时在国内推动立法，为其私人商业航天企业开采地外天体资源铺平道路。由此可见，外空资源的开发利用技术将是未来各航天强国高度关注的突破性、变革性技术，也是确保国家利益的核心技术。

在上述战略背景下 Space Mining and Manufacturing 由 Springer 出版社在 2019 年正式出版发行，本书的作者 Davide Sivolella 是一名居住和工作在英国的航空工程师，他是民用飞机结构维修设计方面的专家。在 2013 年出版了第一本书——《轨道和返回：航天飞机如何在太空飞行》（*The orbit and Backagan*：

How the Space Shuttle Flew in Space)。之后 2017 年出版了《航天飞机计划：技术和成就》(*The Space Shuttle Program: Technologies and Accomplishments*)一书。此书为作者撰写的第三本书，曾被西方的很多私人商业航天的老板奉为"经典"读物，并把当前的外空视为美国的"西部"，希望能以当年大发展阶段的"牛仔"拓荒精神，激励"新航天"企业奋勇直前，抢占和开发利用地外天体资源。本书以通俗易懂、形象生动的语言，对于那些太空采矿与制造领域存在的疑虑，从空间资源开采的必要性、实施技术途径以及预期收益等方面，进行深入浅出的阐述。本书主要由三部分组成：第一部分介绍太空中可能的矿产资源分布，以及太空采矿的方法、技术和工艺等；第二部分介绍在轨制造的特点、形式、途径、方法等，以及实现大规模原位制造的关键技术；第三部分介绍太空采矿及制造对人类发展的重要意义。

由于中外在空间科学知识和航天技术上尚存在代差，当前国内对太空采矿与制造技术的关注程度尚停留在探讨和制定国际法律研究层面，相关的空间科学和航天工程技术基础理论储备不足，对未来国家安全和国家战略的影响研究不够；此外，高等学校里从事地质矿产和土木工程专业的学者们，对太空采矿的发展历史背景及航天技术应用环境掌握不够；国内的私营商业航天公司里仅有深圳"起源太空"公司发射了一颗用于观测小行星的卫星，尚未形成规模，对空间经济的理论积累不够；中国的航天法尚未正式制定和颁布。总体而言，当前我国还缺乏国家层面的整体应对方案和长远谋略，相信本书的出版既能给相关机构和部门提供参考，也能够给读者带来新的思考。

与以往我们团队翻译的地外天体资源开发利用领域的科技专著相比，本书将复杂的技术问题进行了生动有趣的表达，不仅宜于读者理解和接受，也宜于空间资源利用领域交叉学科的专业人员进行深度思考。其前瞻性的观点、通俗易懂的语言，更有利于政策及法律制定层的理解和决策。本书适合从事空间安全与航天战略领域的政策与法律专业人员、从事空间资源利用领域的空间科学与航天工程技术人员、从事太空矿产资源勘探及土木工程建筑技术人员、从事空间经济研究与新航天商业运营的人员、对太空采矿与制造感兴趣的普通科技工作者阅读。本书的翻译原则立足于"忠实原著",为方便不同专业的读者理解,在原著的基础上对若干专业术语补充增加了知识链接和译者注。

  本书由中国空间技术研究院北京空间机电研究所的果琳丽、陈旭和武士轻翻译,北京交通大学的黄铁球副教授和航天东方红卫星有限公司的阎梅芝等进行了校对,最后由果琳丽负责定稿,由于本书涉及的知识面非常宽,受译者所学专业的限制,书中存在不妥之处在所难免。译者团队希望能通过本书的翻译,为读者提供一本在太空采矿与制造领域通俗易懂的书籍,方便各学科各专业的人员进行融合交叉思考,更希望读者朋友们能以"独立、批判"的科学精神通读全书,在此基础上大胆创新,为早日推动我国的"太空采矿与制造"工程做出贡献。

果琳丽

于北京市海淀区友谊路航天城

2022 年 8 月

前　言

在 2019 年，我们举行了"阿波罗"11 号载人登月任务成功 50 周年庆典。在不到 70 年的时间里，人类社会见证了第一批无人探测器演变为载人飞船，并将两名航天员[a]送上月球表面——这可能是人类冒险进入的最不适宜生存的环境。更值得一提的是，"阿波罗"11 号载人飞船只比第一颗进入太空的人造卫星（名为 Sputnik）晚发射了不到 12 年，比尤里·加加林（Yuri Gagarin）成为第一个进入太空的人只晚了不到 9 年。

"阿波罗"计划是冷战时期这一特殊历史背景下的产物，在此期间，展示技术优势远比为了人类利益进行太空探索更重要，这就解释了在 20 世纪六七十年代，那些活跃的宏伟太空探索计划直到现在都没有实现的原因。在大多数情况下，特别是在人类太空探索的背景下，空间活动受到政治意识形态和科学家好奇心的支配。世界主要的航天机构时常都会推动重返月球或火星探测任务，但在实现这一雄心所需的财政支持到来之前，无法真正开展工作，缺乏公众支持是原因之一。派人类登陆月球或火星，或者发送无人探测器拍摄距离地球几十亿公里的外星球照片，虽然可以短暂吸引公众的注意力，但肯定会有更多人倾向于放弃太空探索，转而将财政和人力资源投入到解决对当前社会有紧迫影响的问题中，如气候变化、环境污染、资源短缺与控制。

我终生倡导发展航天事业，小时候常常因为看到太空探索对克服地球与日俱增的威胁没什么帮助而感到忧虑，后来我逐渐接受了将制造业转移到轨道工

---

[a] 译者注：考虑到国际习惯称为宇航员，而中国习惯称为航天员，为便于中国国内读者理解，本书中统一翻译为航天员。

厂的想法，这些工厂将从月球或小行星上获取资源。许多关于地外天体采矿和制造业的研究可以追溯到20世纪七八十年代。现在，在"脱离地球生活"的旗号下，设想在月球或火星上建立永久性基地是一个很有价值的想法。但是，它也限制了思考，利用此类研究造福地球上的人类还任重道远。采矿和制造业产生如此多的废物种类和数量，使其无法被环境中的空气、水和土壤循环及中和。当我们扔给生态环境的废物超过了它的消化能力时，就会面临着长期的污染。考虑到全球各个因素，我们现在已经面临着气候变化、动植物物种濒危、丧失人类生命等状况，我们疯狂的生活方式也正在耗尽地球的资源，各国人民之间的许多冲突也正是试图控制日益减少的资源而引起的。

在太空中因为没有生物圈，所以也不存在环境污染的危险，月球和无数山地大小的小行星上存在水和矿物。我们已经熟悉了科幻小说中的这些想法，但它们并没有超出真正的工程领域。现在我们已可以在最荒凉的环境中开采资源，如在海底挖掘钻石和化石燃料；建造惊人的基础设施，如建造在大河上的为整个国家发电的水坝；建造贯穿陆地和海洋的管道，在相距数千公里的国家之间输送化石燃料。在露天采矿作业中会挖得很深，导致矿坑的顶部和底部有着不同的微气候。采矿业通常使用完全自动化的机器进行采矿。只要有需要，人类的聪明才智总可以成就伟大的事业。本书的目的是表明太空采矿与制造处于我们目前技术能力范围内。如果我们实施一种切实可行的发展战略，正如本书所描述的，将有机会把这些想法变成现实。

我与许多同行不同之处在于，我并不认为鼓吹开发太空是一种可以使人类摆脱环境退化、资源短缺等困境的灵丹妙药。但是，我确实相信它有可能为解决这些问题提供可用的策略组合。在过去60多年的太空探索中，我们一直将太空视为可探索的疆域。现在是时候把它作为一种资源来考虑，开辟出一条真正造福人类的太空探索和资源开发的新途径。

我希望您也认为本书内容翔实且令人信服，并与我一起倡导将这样的愿景变为现实。

作者简介

戴维德·赛维莱拉(Davide Sivolella)是一名在英国生活和工作的航空工程师,是民用客机结构维修设计方面的专家。目前和他的西班牙妻子莫妮卡住在伦敦附近。在孩童时期,戴维德就对各种各样的飞行器产生了浓厚的兴趣,尤其是那些能在大气层之上飞行的飞行器。事实上,正是出于这种对航天和太空探索的热情,使他获得了意大利都灵理工学院的航空航天工程学士和硕士学位。他出生于1981年,在哥伦比亚号航天飞机首飞几个月后,他对航天飞机产生了兴趣。因此在2013年斯普林格-普拉西斯(Springer-Praxis)出版社正式出版了他的第一本书(*The Orbit and Back Again: How the Space Shuttle Flew in Space*)(《轨道和返回:航天飞机如何在太空中飞行》),接着是在2017年出版了*The Space Shuttle Program: Technologies and Accomplishments*(《航天飞机计划:技术与成就》)。近几年来,他研究了太空探索是如何寻找切实可行的解决方案,来帮助我们缓解影响地球和人类的最棘手问题,如环境污染、气候变化和资源枯竭。亚马逊(Amazon)和蓝色起源(Blue Origin)的共同创始人杰夫·贝佐斯(Jeff Bezos)曾在多个场合表示,他曾设想未来制造业将迁往太空,以开发太阳系的资源。戴维德的研究使他确信,这一愿景确实能够带来目前人类探索月球或火星的航天计划无法提供的好处。这就是作者撰写本书的动机。

缩略语

AMF	additive manufacturing facility
	增材制造设备
AMS	American Meteor Society
	美国流星协会
APIS	asteroid provided in-situ supplies
	小行星原位补给
ARC	Ames Research Center
	艾姆斯研究中心
ARM	asteroid retrieval mission
	小行星回收任务
AU	astronomical unit
	天文单位
BEAM	bigelow expandable activity module
	毕格罗可展开活动舱
CCD	charged coupled device
	电荷耦合器件
CDR	computed dental radiography
	计算牙科放射照相术
CMOS	complementary metal oxide semiconductor

		互补金属氧化物半导体
CMOS-APS	CMOS active pixel sensor	
		CMOS 有源像素传感器
DRO	distant retrograde orbit	
		远距离逆行轨道
EOD	earth overshoot day	
		地球超载日
ESA	European Space Agency	
		欧洲航天局
FDM	fused deposition modeling	
		熔融沉积成型
FMD	forced metal deposition	
		强制金属沉积
FLNG	floating liquefied natural gas	
		浮动液化天然气
GE	general electric	
		通用电气
GHA	global hectare	
		全球公顷
GPS	global positioning system	
		全球定位系统
GRASP	grapple, retrieve, and secure payload	
		抓取、回收和固定有效载荷
HF	hydrofluoric	
		氢氟酸
IOSD	International Organization for Space Development	
		国际空间发展组织
ISS	International Space Station	

	国际空间站
ITER	International Thermonuclear Experimental Reactor
	国际热核实验反应堆
JAXA	Japanese Space Agency
	日本航天局
JPL	Jet Propulsion Laboratory
	喷气推进实验室(美国)
KBO	Kuiper Belt objects
	柯伊伯带天体
KREEP	phosphate, rare earth elements, phosphorous
	磷酸盐、稀土元素、磷
KRUSTY	kilopower reactor using stirling technology
	使用斯特林技术的千功率反应堆
LCROSS	lunar CRater observation and sensing satellite
	月球陨石坑观测与遥感卫星
LRO	lunar reconnaissance orbiter
	月球勘测轨道飞行器
MBE	molecular beam epitaxy
	分子束外延
MEMS	micro electro-mechanical systems
	微机电系统
MTI	Medical Technologies International
	医疗技术国际
MIT	Massachusetts Institute of Technology
	麻省理工学院
NACA	National Advisory Committee for Aeronautics
	国家航空咨询委员会
NASA	National Aeronautics and Space Administration

		美国国家航空航天局
NEA	near earth asteroid	
		近地小行星
NEP	nuclear electric propulsion	
		核电推进
NTR	nuclear thermal rocket	
		核热火箭
NIAC	NASA innovative advanced concepts	
		NASA创新型先进概念
OST	outer space treaty	
		外层空间条约
PEEK	polyether ether ketone	
		聚醚醚酮
PGM	platinum-group metals	
		铂族金属
PSR	permanently shadowed terrains	
		永久阴影区
RAP	rapid asteroid prospector	
		快速小行星勘探
SDO	scattered disk objects	
		离散盘天体
SETI	search for extraterrestrial intelligence institute	
		地外文明搜寻研究所
SLA	stereolithography	
		立体平版印刷
SLS	selective laser sintering	
		选择性激光烧结
SMM	satellite manufacturing machine	

	卫星制造机器
SMR	small modular reactor
	小型模块化反应堆
SPACE Act	spurring private aerospace competitiveness and entrepreneurship act
	激励私人航空航天竞争力和创业法案
TNO	trans neptune objects
	海王星外天体
USSR	Union of Soviet Socialist Republics
	苏维埃社会主义共和国联盟(苏联)
VAD	ventricular assist device
	心室辅助装置
VASIMIR	variable specific impulse magnetoplasma rocket
	可变比脉冲磁等离子体火箭
VICAR	video image communication and retrieval
	视频图像的通信与检索
WSF	wake shield facility
	尾流屏蔽设施
WRANGLER	weightless rendezvous and net grapple to limit excess rotation
	无重会合和网抓取来限制过度的旋转

目 录

第1章 太空探索的目的和意义 ···················· 001
1.1 太空探索的目的 ···················· 001
1.2 太空探索的理由 ···················· 002
1.2.1 地缘政治、声望、国家安全 ···················· 002
1.2.2 边疆 ···················· 006
1.2.3 寻找外星人 ···················· 011
1.2.4 卫星应用和附带利益 ···················· 013
1.3 太空探索的意义 ···················· 019
1.4 值得开展的太空探索计划 ···················· 022
参考文献 ···················· 031

第2章 在哪里可以找到地外资源 ···················· 032
2.1 地球与太空资源 ···················· 032
2.2 月球的起源 ···················· 035
2.3 月球地形基础 ···················· 037
2.4 月球岩石学 ···················· 041
2.5 月球资源 ···················· 044

2.6 小行星:太阳系的害虫 ⋯⋯⋯⋯⋯⋯⋯⋯⋯⋯⋯⋯⋯⋯⋯⋯⋯⋯⋯ 046

2.7 陨石基础 ⋯⋯⋯⋯⋯⋯⋯⋯⋯⋯⋯⋯⋯⋯⋯⋯⋯⋯⋯⋯⋯⋯⋯⋯ 051

2.8 陨石与小行星的关系 ⋯⋯⋯⋯⋯⋯⋯⋯⋯⋯⋯⋯⋯⋯⋯⋯⋯⋯⋯ 056

参考文献 ⋯⋯⋯⋯⋯⋯⋯⋯⋯⋯⋯⋯⋯⋯⋯⋯⋯⋯⋯⋯⋯⋯⋯⋯⋯ 058

第 3 章 地外采矿 ⋯⋯⋯⋯⋯⋯⋯⋯⋯⋯⋯⋯⋯⋯⋯⋯⋯⋯⋯⋯⋯⋯ 060

3.1 采矿基础 ⋯⋯⋯⋯⋯⋯⋯⋯⋯⋯⋯⋯⋯⋯⋯⋯⋯⋯⋯⋯⋯⋯⋯⋯ 060

3.2 地球采矿与太空采矿 ⋯⋯⋯⋯⋯⋯⋯⋯⋯⋯⋯⋯⋯⋯⋯⋯⋯⋯⋯ 064

3.3 在月球上采矿 ⋯⋯⋯⋯⋯⋯⋯⋯⋯⋯⋯⋯⋯⋯⋯⋯⋯⋯⋯⋯⋯⋯ 068

    3.3.1 月球采矿设备设计 ⋯⋯⋯⋯⋯⋯⋯⋯⋯⋯⋯⋯⋯⋯⋯⋯⋯ 068

    3.3.2 月球表面采矿 ⋯⋯⋯⋯⋯⋯⋯⋯⋯⋯⋯⋯⋯⋯⋯⋯⋯⋯⋯ 069

    3.3.3 月球地下采矿 ⋯⋯⋯⋯⋯⋯⋯⋯⋯⋯⋯⋯⋯⋯⋯⋯⋯⋯⋯ 074

3.4 小行星采矿 ⋯⋯⋯⋯⋯⋯⋯⋯⋯⋯⋯⋯⋯⋯⋯⋯⋯⋯⋯⋯⋯⋯⋯ 078

参考文献 ⋯⋯⋯⋯⋯⋯⋯⋯⋯⋯⋯⋯⋯⋯⋯⋯⋯⋯⋯⋯⋯⋯⋯⋯⋯ 087

第 4 章 空间资源处理 ⋯⋯⋯⋯⋯⋯⋯⋯⋯⋯⋯⋯⋯⋯⋯⋯⋯⋯⋯⋯ 091

4.1 空间资源选矿 ⋯⋯⋯⋯⋯⋯⋯⋯⋯⋯⋯⋯⋯⋯⋯⋯⋯⋯⋯⋯⋯⋯ 091

4.2 月球选矿 ⋯⋯⋯⋯⋯⋯⋯⋯⋯⋯⋯⋯⋯⋯⋯⋯⋯⋯⋯⋯⋯⋯⋯⋯ 092

4.3 小行星资源选矿 ⋯⋯⋯⋯⋯⋯⋯⋯⋯⋯⋯⋯⋯⋯⋯⋯⋯⋯⋯⋯⋯ 096

4.4 空间资源的精炼 ⋯⋯⋯⋯⋯⋯⋯⋯⋯⋯⋯⋯⋯⋯⋯⋯⋯⋯⋯⋯⋯ 098

    4.4.1 聚变火炬 ⋯⋯⋯⋯⋯⋯⋯⋯⋯⋯⋯⋯⋯⋯⋯⋯⋯⋯⋯⋯⋯ 099

    4.4.2 太阳能炉 ⋯⋯⋯⋯⋯⋯⋯⋯⋯⋯⋯⋯⋯⋯⋯⋯⋯⋯⋯⋯⋯ 099

    4.4.3 真空分馏和差熔 ⋯⋯⋯⋯⋯⋯⋯⋯⋯⋯⋯⋯⋯⋯⋯⋯⋯⋯ 100

    4.4.4 制备水和氧 ⋯⋯⋯⋯⋯⋯⋯⋯⋯⋯⋯⋯⋯⋯⋯⋯⋯⋯⋯⋯ 103

    4.4.5 金属冶炼 ⋯⋯⋯⋯⋯⋯⋯⋯⋯⋯⋯⋯⋯⋯⋯⋯⋯⋯⋯⋯⋯ 107

4.5 从小行星上提炼资源 ⋯⋯⋯⋯⋯⋯⋯⋯⋯⋯⋯⋯⋯⋯⋯⋯⋯⋯⋯ 112

参考文献 ⋯⋯⋯⋯⋯⋯⋯⋯⋯⋯⋯⋯⋯⋯⋯⋯⋯⋯⋯⋯⋯⋯⋯⋯⋯ 113

第 5 章　太空制造的艺术　115

5.1　概述　115
5.2　太空环境　116
5.3　太空制造　123
　　5.3.1　无容器加工　123
　　5.3.2　超高真空加工　130
　　5.3.3　增材制造　134
5.4　加工工艺是关键　138
参考文献　140

第 6 章　在太空建造工厂　142

6.1　轨道工厂设计　142
　　6.1.1　轨道工厂的构型　142
　　6.1.2　轨道工厂的主要组件　145
　　6.1.3　轨道工厂的案例　148
6.2　附加设计元素　155
6.3　天体上的工厂　164
参考文献　166

第 7 章　梦想成真　169

7.1　通往有价值的太空计划之路　169
7.2　进入太空的廉价方式　170
7.3　尝试和错误,然后更多的尝试和错误　179
7.4　推进　183
7.5　能量　187
7.6　外空法律　190
7.7　国际合作　194

7.8 是幻想还是现实 197
参考文献 205

第8章 为了全人类的利益 208

8.1 开采太空资源 208
8.2 太空制造的好处 213
8.3 展望未来 217
参考文献 220

第1章
太空探索的目的和意义

1.1 太空探索的目的

太空探索的目的是什么？为什么要花费巨额资金，让几个训练有素的人在充满危险的空间环境中去进行几个月的太空旅行？为什么要花纳税人的钱，只是为了让一个小机器人去太阳系的边界拍照？难道没有影响人类社会的更急需、更紧迫的情形，可以从这种投资中受益吗？你或你认识的人，包括家人、同事、熟人，可能都会有类似的疑问。这些问题的答案都取决于太空探索是否有价值。如果你是太空探索的倡导者，你可能会觉得这些问题很烦人。你可能会问自己，为什么人们就不能理解太空探索的重要性？他们究竟为什么要质疑呢？

然而，如果我们客观地看待一些数字，可能就会明白这些疑问和批评者也许是有道理的。考虑到航天飞机的一次飞行任务平均花费约4.5亿美元；国际空间站（International Space Station，ISS）的支持和维护费用每年在30亿~40亿美元之间；2016年，"新视野"（New Horizons）号探测器向我们展示了令人瞠目结舌的冥王星景观，该项目耗资约7亿美元。研制汽车大小的"好奇"（Curiosity）号火星车大约需要25亿美元，而且每年都会投入更多的资金来维持它在火星这颗红色星球上的冒险。太空探索显然是十分昂贵的，也许这些钱可以更好地用于在发展中国家建造医院和学校,用于根除癌症,以及消灭艾滋病等疾病。考虑到太空探索的倡议者确实有义务回答这些问题。因此,本书从分析太空探索的主要理由开始。然后,将它们的价值与我们目前所处的现实状况进行权衡,并评估太空探索在人类社会中应有的地位。

1.2 太空探索的理由

1.2.1 地缘政治、声望、国家安全

自苏联在1957年10月4日将首颗人造卫星送入轨道以来,太空探索,特别是载人航天,已成为描绘一个国家的技术实力和生活方式的宣言,载人登月竞赛就是一个很好的例子。在冷战期间,约翰·F. 肯尼迪(John F. Kennedy)总统呼吁我们登陆地球的天然卫星,其动机更多是为了证明美国在各方面都优于"铁幕"另一边的对手。

1961年5月25日,在苏联将尤里·加加林(Yuri Gagarin)送入轨道后不久,作为回应,美国也派遣艾伦·谢泼德(Alan Shepard)执行了入轨飞行任务。在向国会参众两院联席会议提交的关于国家紧急需求的特别通报中,肯尼迪明确表示:"如果我们要赢得目前正在世界各地进行的关于自由与暴政之间的战斗,最近几周在太空中取得的巨大成就已经向我们所有人表明,就像苏联1957年发射的人造卫星一样,这次冒险对世界各地人们的思想产生了影响,他们正试图决定应该走哪条路,将太空探索及其成就作为衡量一个国家生活方式成功与否的标准。"肯尼迪提到的"道路"是指在自由和暴政之间的选择,而这一决定是基于一个国家的太空探索计划的质量。

肯尼迪继续说:"认识到苏联用他们的大型火箭发动机获得的领先优势,这给了他们数月的准备时间……然而,我们需要做出新的努力。我们虽然不能保证哪天会成为世界第一,但可以保证,任何失败都将促使我们继续努力走下去。我们进入太空的理由是因为无论人类必须要承担什么,自由人都必须充分分享。考虑到太空探索领域只有两个竞争者,美国最好不要成为最后一名,因为这是自由人必须承担的责任,没有什么比自由更重要了。"

肯尼迪让他的听众充满了自豪感,并呼吁任何美国公民都应珍视自由的思想,现在他准备给予最后一击:"我认为,这个国家应该致力于在这个十年结束

之前,实现载人登月并安全返回地球的目标。"既然它与美国社会所代表的一切联系在一起,怎么会有人拒绝这样的承诺？1969年7月20日,美国公民尼尔·阿姆斯特朗(Neil Armstrong)如愿成为世界上第一个登上月球的人。

肯尼迪树立的榜样被他的许多继任者效仿。例如,尽管公众和政界对载人航天飞行的支持日益减少,"阿波罗"计划被削减,美国国家航空航天局(National Aeronautics and Space Administration, NASA)月球探索的梦想也被终结。但是,理查德·M.尼克松(Richard M. Nixon)总统批准了建造航天飞机的计划。事实上,1971年8月,行政管理和预算局局长卡斯帕·W.温伯格(Caspar W. Weinberger)给尼克松写了一份建议信,表达了他对"我们最美好时光已经过去,我们正在转向国内,减少我们的国防承诺,并开始主动放弃我们的超级大国地位和保持世界优势的愿望"的担忧,因此"美国应该能够负担得起增加福利以外的东西。修复我们城市的计划,或救济阿巴拉契亚(Appalachian),等等"。航天飞机有望使美国重新确立其在国际上的领导地位,并在太空探索中遥遥领先。

1983年12月1日,NASA局长詹姆斯·M.贝格斯(James M. Beggs)与美国总统罗纳德·里根(Ronald Reagan)会面时,向里根总统展示了一张以美国为背景的苏联"礼炮"(Salyut)号空间站的照片。1984年1月25日,在国会参议院和众议院联席会议上发表的国情咨文中,另一个肯尼迪时刻即将到来,文字会有所不同,但剧本的结构基本保持不变。里根总统首先呼吁他的国家应继续保持伟大:"我们在任何地方都不能更有效地展现我们的技术领先地位。我们在太空中的进步,为全人类迈出了巨大的步伐,这是对美国团队合作和卓越精神的赞扬。我们可以自豪地说:"我们是第一个,我们也是最棒的,这因为我们是自由的。"当他的听众为下一次太空任务做好准备时,他说:"我们可以再次伟大。今晚,我正在指导NASA研发一个永久性载人空间站,并在十年内完成。"再一次,民族自豪感成为启动一项复杂且颇具争议的航天计划的有力盟友。

然而,20多年后才开始在轨组装空间站。1998年11月20日,当第一个空间站组件进入轨道时,它不是美国的,而是俄罗斯制造的名为"曙光"(Zarya)号的模块。1991年12月，随着苏联的解体，俄罗斯的航天计划陷入了生死攸关的财政危机，美国担心因项目资金短缺的俄罗斯工程师们会将他们的才能，提供给与美国关系交恶的国家。随着空间站计划超出预算并濒临取消，在1994年1月25日的国情咨文中，比尔·克林顿(Bill Clinton)总统提出了保持俄罗斯从事航天工作人员忙碌的必要性："俄罗斯科学家将帮助我们建造国际空间站。"因此，从一开始，国际空间站(如图1.1所示)就被批评为主要是维持冷战后缓和局势以及在国际关系中展示善意的工具，这并不奇怪。事实上，在各种危机时刻，用这种在400km高空进行的数十亿美元的合作，作为被誉为两个超级大国仍然可以合作的证据，这并不罕见。

以2014年俄罗斯吞并克里米亚(Crimea)的事件为例，尽管受到美国和欧盟的谴责，以及他们随后实施的经济制裁，俄罗斯仍然是国际空间站项目的合作伙伴，并定期运送物资和乘员进入国际空间站[a]。

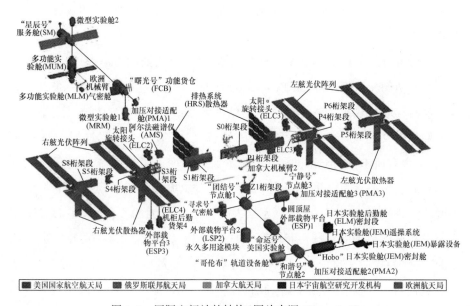

图1.1　国际空间站的结构(图片来源:Figure 1.1)

---

a 随着SpaceX公司和波音(Boeing)公司等商业航天服务商的出现，这两家公司都在开发用于运送航天员的载人飞船，由此导致航天活动的现状可能会发生根本性的变化。

国防和国家安全已成为开展航天活动的重要动力。任何类型、地点和时间的文明都已经认识到能够观察正在接近的敌人所做行动的好处。事实上，只要有可能，城堡和村庄都应建在悬崖、高山和山顶上。一旦我们开始掌握飞行技巧，气球和飞机就可用来侦察敌人的防线，甚至更远的地方。除了确定下一次防御或进攻机动外，制高点还允许投放炸弹、导弹等，以产生更大的破坏性影响。因此，很容易理解太空是如何成为监视敌人和制定进攻行动的最终"制高点"。早在 1951 年，沃纳·冯·布劳恩（Werner von Braun）就提出了可用于投弹的空间站的建议。他说，一个围绕这样平台运行的国家"可能实际上处于控制地球的位置"。也许他的想法引起了美国军方的共鸣，1955 年 3 月 16 日，空军正式下令研制先进侦察卫星对"预选区域"进行持续监视，"以确定潜在敌人发动战争的能力"。毫不奇怪，两年后，当人造卫星发射升空时，美国军方和公众都迅速理解了这个微小的球体发出微弱的无线电信号的含义。也就是说，俄罗斯现在可能拥有不受阻碍的能力，在没有警告的情况下，在地球上任何地方投放武器，甚至是核武器。

幸运的是，到目前为止还没有从太空中投下炸弹，也没有发射过携带武器的卫星①。然而，所谓的间谍卫星编队已经发射，在遥感监视、导弹发射预警、核爆炸探测、电子侦察和雷达成像方面的能力不断地增强。此类技术已不再是美国和俄罗斯的专利。过去 60 年来，这些能力在冲突或涉及国家安全的局势中证明了其价值。

知识链接：

① 关于在太空中使用武器的一个有趣的案例是，在为监视侦察任务设计的苏联阿尔马兹（Almaz）空间站上，他们安装了一个小型固定式的大炮，航天员计划在敌方航天器接近的情况下谨慎地使用它。

1.2.2 边疆

纵观历史,"边疆"一直是强有力的诱惑,激励人们去探索舒适区之外的地方。这种精神无处不在,从神话中的尤利西斯(Ulysses),到遥远的西方,再到一个世纪前的极地探险。正如广受赞誉的天文学家和科学传播者卡尔·萨根(Carl Sagan)所写:"我们是那种需要边界的物种——出于基本的生物学原因。"

《牛津词典》中将"边疆"定义为"分隔两个国家的边界线",也可定义为"定居土地的边界,超过这一界限就是荒野"。有了这样的解释,就很容易理解为什么太空被认为是一个"边疆"。对于一个充满生命的定居星球(地球),它是无垠的、没有生命的、狂野的。作为最难以到达并受制于我们自己意志的领域,太空是最终的边疆。在20世纪50年代以及之后的一段时间里,你会经常听到和读到"征服太空",这并非偶然。

"边疆"的形象远远超越了物理场所,更深入到人类的心灵。《牛津词典》还提供了边疆另一种解释:即"在某一特定领域的理解或成就的极限"。太空探索加深了我们对宇宙和太阳系中不同奥秘的理解。例如,美国物理学家莱曼·斯皮策(Lyman Spitzer)首先提出从轨道上进行天文观测。他在1946年发表了一篇有趣的文章,题为"地外天文台的天文优势"。他解释说,除了我们眼睛敏感的电磁波谱外,大气吸收了大部分电磁波谱,从而阻碍了天文观测。此外,即使是光学观测的质量也会受到大气物理性质的日常和局部变化的极大影响,天文学家称为"视觉"条件。斯皮策设想的计划是在环绕地球的轨道上放置一台空间望远镜,以从未见过的波长来感知宇宙。果不其然,两个超级大国的首个卫星应用任务都是用于天文学。从那时起,更精密的空间望远镜就源源不断地出现。

与此同时,无人探测器拜访了太阳系的主要天体,揭示了以前只有在科幻读物中才能想象到的外星景象。在某些任务中,探测器甚至对这些景观进行了近距离的原位探测。然而,人类目前唯一访问过的地外天体就是"阿波罗"登月任务中的航天员到访过的月球。到目前为止,所有载人探索的努力都未能突破由于经费制约带来的障碍。自2003年2月"哥伦比亚"(Columbia)号航天飞机不幸失事以来,国际上几乎主要的航天机构都在试图启动重返月球或在火星上获得第一个脚印的计划,其中最重要的理由是需要深化我们对这些外星世界的了解。

我们必须反思"边疆"定义的另一层含义,即"在某一特定领域所能取得……成就的极限"。这是我们人类作为一个物种所能做到的事情的最前沿。人类一直在努力完成更宏伟的项目,把它们作为证明我们有能力驯服大自然的标准,从而来实现我们的目标。同样的态度也体现在个人层面上,因为大多数人觉得有必要从事一些项目或爱好,它们会带给我们一种成就感,并相信自己有能力做得更好。这并不奇怪,肯尼迪总统说:"我们选择在这个10年内登上月球,并做其他事情,不是因为它们容易,而是因为它们困难,因为这个目标将有助于组织和衡量我们最好的能力和技能。"太空探索显然是艰难而富有挑战性的。制造出复杂的机器设备,以可控的方式,利用相当于原子弹的能量,或者安排探测器在持续数年的旅程后,与数十亿公里外的小天体精确地会合,确实需要付出非凡的努力。NASA的"新视野"号探测器飞越冥王星,欧洲航天局(European Space Agency,ESA)的"罗塞塔"(Rosetta)任务与67P/ChuryumovGerasimenko彗星相遇,以及最近日本航天局(Japanese Space Ageney,JAXA)的"隼鸟"2(Hayabusa 2)号探测器将两个小型跳跃式探测器降落在小行星162173 Ryugu的表面。另一个很好的例子是为NASA的"好奇"号火星车在火星上安全、精确着陆而设计的复杂的空中起重机装置,如图1.2所示,这是以前从未尝试过的,很难在地球上进行模拟测试,而且只有在到达目标后工作一次的机会。即使对门外汉来说,都会为人类能取得这样的成就而感到敬畏、惊叹和自豪!

有时,它可以激发行动,并经常给我们信心,让我们相信自己可以解决任何棘手和苛刻的问题。"如果航天员能够登上月球,那么他们也可以帮助你解决任何问题",类似这样的说法并不少见。一次又一次,国家航天机构的公共关系部门对我们寻求挑战大自然的愿望"征收重税",并作为重返月球或把人送上火星的理由。沃纳·冯·布劳恩(Werner von Braun)的名言"我学会了极其谨慎地使用'不可能'这个词",或罗伯特·H. 戈达德(Robert H. Goddard)的名言"很难说什么是不可能的,因为昨天的梦想是今天的希望和明天的现实",确实培养了这种精神[a]。

---

a 值得一提的是,这两人分别被认为是德国和美国的"现代火箭之父"。

图 1.2 （见彩图）"好奇"号火星车着陆前的最后时刻

注：空中起重机由一个平台组成，该平台由四组小型火箭推进器负责悬停稳定，这些推进器在火星车上方点火，同时通过绞链和绳索将火星车轻轻降至水面(图片来源：Figure 1.2)。

对"边疆"的探索和推进不断地保护我们免受生存威胁的影响。有大量的考古证据表明，大大小小的种群是如何迁移到他们的边境之外，以寻找更好的地方定居。这通常是对自然事件或人为环境的反应，如战争或人口增长失控所导致的资源过度开发(本章末尾有更多相关内容)。

同样的道理也适用于太空探索，特别是人类在太空中的生存。著名科幻作家拉里·尼文(Larry Niven)曾经说过："恐龙之所以灭绝，是因为它们没有航天计划。如果我们因为没有航天计划而灭绝，那是我们活该！"这可能听起来像一个笑话，但这些巨型爬行动物的灭绝被归因于一颗小行星撞击了我们的地球。随着我们追踪越来越多这样掠过地球的小行星，确实存在再次发生这样的灾难性事件的风险，这可不是闹着玩的。回想一下，1908 年 6 月 30 日，一颗小行星或彗星在多石的通古斯卡河(Tunguska River)地区上空以巨大核弹式的威力爆炸,并将东西伯利亚 2000km² 的土地上的大约 8000 万棵树木夷为平地。2013年 2 月 15 日,另一块陨石在俄罗斯南部乌拉尔车里雅宾斯克地区上空引爆,爆炸规模小得多。尽管这两起事件都没有造成人员伤亡,但是所造成的破坏仍然清楚地提醒着我们决不能无视这种威胁。因此,毫无疑问,扩大我们探测和跟踪外来风险的能力,在航天界内外都获得了广泛的支持。

其他人则采取了更激进的立场,提出了类似我们祖先迁徙的现代版本:太空殖民。下面介绍的两个方案设想有着共同的目标,却有着不同的目的。第一个方案设想是由新泽西州普林斯顿大学(Princeton University)的物理学家杰拉德·K. 奥尼尔(Gerard K. O'Neill)发起的。在 20 世纪 70 年代中期,奥尼尔呼吁制定一项计划,在太空中建造一个巨大的圆柱体,如图 1.3 所示,让数百万人在类似典型的美国郊区环境下维持生活。这些殖民地将取之不尽的太阳能转换为电能,并利用月球或小行星上获取的资源发展自己的工业,从而独立于地球之外。事实上,一旦实现了完全自给自足后,他们就会出售自己的产品。从那时起,至少从前瞻科技角度来看,在太空中建造各种形状和大小的殖民地都得到了认真的考虑。

图 1.3 (见彩图)艺术家描绘的一对奥尼尔圆柱体(每个都能容纳数百万人)

(图片来源:Figure 1.3)

另一个方案设想是在地外天体表面建造人工栖息地。尽管月球是离地球最近的地外天体,而且我们已经证明人类可以到达月球,但无论是科学研究机构还是个人或航天协会,最渴望到达的目的地都是火星。例如,积极支持移民火星的最杰出的个人之一是埃隆·马斯克(Elon Musk),他用自己的个人财富创建了 SpaceX 太空探索公司,这是一家私人航天公司,其宣称的目标是让人类成为多行星物种。在撰写本书时,SpaceX 公司已经开始建造一艘大型的载人飞船(名为"星舰"Starship),目标是将第一批人类送上火星。火星协会(Mars Society)的创始人罗伯特·祖布林(Robert Zubrin)几十年来一直大力倡导火星任务。为了使火星任务可行,火星协会在现有技术的基础上持续进行试验的努力,更是既令人钦佩又鼓舞人心。

小行星撞击并不是人类面临的唯一灭绝风险。核战争、生物武器、人口过剩导致的资源紧缺、社会崩溃等,都是促使人类移居太空的原因。几十亿年后,太阳将演变成一颗红巨星,它膨胀出的外表面将吞噬内太阳系所有的行星,由此地球上所有的生命将变得不复存在。因此,无论人类面临着何种类型的威胁,对太空的殖民都被视为一种防止生命灭绝的保险政策。此外,正如科学作家赫本海默(Heppenheimer)所设想的那样,它还可以提供机会,让人类有机会创造出一个更好的社会,有机会进行文化多样性的实验,甚至是"乌托邦"。正如他在《太空殖民地》一书中所写:这些人中的一些人将形成专门的社区,并将发展出(或从地球带来)他们自己关于如何生活,如何管理社区的想法。在地球上,这些人很难为自己建立新的国家或地区。但在太空中,由不同种族或宗教团体以及许多其他团体建立起自己的殖民地将变得很容易。那些希望建立实验型社区,尝试新的社会形式和实践的人,将有机会"进军荒野地带",并在太空城市中实现他们的理想。从长远来看,这将是太空殖民最有价值的结果之一,即人们将创造出新的社会或文化形式。

这样的可能性也出现在奥尼尔的杰作《高边疆》(The High Frontier)一书中:然而,在一个越来越拥挤、对能源和材料越来越饥渴的地球上,我们还有什么机会允许多样性的实验?允许个人和群体在孤独中尝试寻找更好的生活方式?一个世纪前,在美国,当它扩展到一个新边疆时,有什么机会能让罕见的、有才华的人创造属于他们自己的世界和家园?……在我看来,对于地球上的人类来说,最令人不寒而栗的前景是,我们的许多梦想将永远被切断。

这与人类希望到达和征服边疆的需求，形成了一个完整的循环。罗伯特·祖布林将抵达并定居边疆的场景，描述为"人类最大的社会需求，没有比这更重要的了……没有成长的边界……以人文主义、科学和进步价值观为基础的整个全球文明将最终消亡"。

回应征服边疆的动机，为人类提供保险，为创造一个从过去吸取教训的更美好社会形式提供机会，并为我们从事目前看似不可能的努力而注入信心，所有这些都紧密交织在一起，为太空探索提供了强有力的理由。

1.2.3 寻找外星人

"人都到哪里去了？"1950年夏，意大利物理学家恩里科·费米（Enrico Fermi）在洛斯阿拉莫斯（Los Alamos）的一次午餐会上问道。据他的同事回忆，费米当时正在质疑地外文明缺乏证据，就是著名的费米悖论[①]，引发了许多关于银河系中是否存在其他智慧生命的争论。

地外文明搜寻研究所（Search for Extraterrestrial Intelligence Institute，SETI）成立于1984年。该研究所绝不是寻找绿色小外星人的可笑借口，而是一个严肃的"私人非营利性，致力于科学研究、教育和公共宣传"的组织，其使命是"探索、理解和解释宇宙生命的起源和本质，并应用所获得的知识来激励和指导今世后代"。

知识链接：

① 费米悖论产生的背景是：在1950年的一次非正式讨论中，诺贝尔奖获得者、物理学家费米在和别人讨论飞碟及外星人的问题时，突然冒出一句：他们都在哪儿呢？"如果银河系存在大量先进的地外文明，那么为什么连飞船或者探测器之类的证据都看不到。

对这个话题更加具体的探讨最早出现在1975年麦克·哈特的文章中，也称为麦克·哈特悖论。另一个紧密相关的问题是大沉默——即使难以星际旅行，如果生命是普遍存在的话，为什么我们探测不到电磁信号？

也有人尝试通过寻找地外文明的证据来解决费米悖论，提出这些生命可能不具备人类的智慧。也有学者认为高等地外文明根本不存在，或者非常稀少以至于人类不可能联系得上。

费米悖论亦称费米佯谬，在费米提出之后，该佯谬得到了不断的发展。1959年，《Nature》发表了一篇想象力十足的文章《寻求星际交流》——它如今已被该领域研究者奉为"经典中的经典"，两位天文学家科科尼和莫里森提出，可以利用微波辐射来探测银河系其他文明的构想。之后天文学家弗兰克·德雷克（Frank Drake）提出了著名的"德雷克方程：$N = R^* \times F_p \times N_e \times F_l \times F_i \times F_c \times L$，其中，$N$ 为银河系中可与我们进行通信的文明数量；R^* 为每年银河系中诞生的恒星数；F_p 为拥有行星的恒星比率；N_e 为行星系统中的类地行星平均数；F_l 为类地行星中具有生命的行星比率；F_i 为演化出智能生命的比率；F_c 为能够进行星际无线电通信的智能生命比率；L 为高科技通信文明的平均寿命。

弗兰克·德雷克（Frank Drake）博士是最初的董事会成员之一，他是西弗吉尼亚州格林班克国家射电天文台的一名射电天文学家。1961年，他发表了一个方程，被称为德雷克方程，该方程将那些在估计文明数量时应该评估的因素组合在一起。我们的星系有无线电通信能力。正如 SETI 解释的那样，德雷克方程"是一个简单而有效的工具，可以激发人们对周围宇宙的求知欲，帮助人们理解所知的生命是自然宇宙进化的最终产物，并意识到人类是宇宙的一部分"。

毫无疑问，我们已经痴迷于寻找地外生命，不管它是否有智慧。例如，机器人探索火星主要集中在这个主题上。1975年夏，两个"海盗"（Viking）号火星探测器在这颗红色星球上着陆，不仅拍摄了火星全景和火星土壤的特写照片，还"进行了三项旨在寻找可能的生命迹象的生物实验"。"勇气"（Spirit）号和"机遇"（Opportunity）号火星车于2003年初登陆火星，进行了大量的火星土壤采样活动。在此过程中，他们发现了"存在间歇性潮湿和宜居条件的古代火星环境的证据"。这些都被认为是适合孕育生命的环境。小型"凤凰"（Phoenix）号着陆器在靠近火星北极附近的北极平原上的北方瓦斯提塔斯（Vastitas Borealis）地区停留了3个月。它挖掘了近地表的富冰层，寻找"该地点是否曾经适合生命生存"的证据。汽车大小的"好奇"号火星车目前正在勘查盖尔陨石坑（Gale Crater），以回答一个问题："火星是否曾经有合适的环境条件来支持被称为微生物的小型生命体？""好奇"号火星车的孪生兄弟[①]计划于2020年

知识链接：

① "好奇"号火星车的孪生兄弟指的是"毅力"（Perseverance）号火星探测器，已于2020年7月30日发射，并于北京时间2021年2月19日着陆在火星杰泽罗陨石坑内。"毅力"号火星探测器将在火星度过大约两个地球年（至少一个火星年），探索直径45km的杰泽罗陨坑，据悉，杰泽罗陨坑在远古时期曾存在一处湖泊和一处河流三角洲。"毅力"号探测器将负责搜寻火星远古生命的迹象，研究陨坑地质结构，采集并保存几十个火星样本。这些样本可能最早于2031年由 NASA 和 ESA 联合太空任务带回地球，一旦火星样本抵达地球，世界各地的科学家将分析样本，探索火星存在过的生命证据存。

发射,并将使用钻孔机等额外工具,"下一步不仅要寻找火星远古时期宜居条件的迹象,还要寻找过去微生物生命本身的迹象"。

对生命的探索已经远远超出了太阳系的范围,在地面和太空都在积极进行。最值得注意的是,开普勒太空望远镜(Kepler Space Telescope)已经发现了数千颗太阳系外行星①。但是到目前为止,还没有发现具备生命出现或生存所需的所有条件的行星,对"第二个地球"的搜寻仍在继续。毫无疑问,寻找另一种文明,寻找另一个地球,以及发现生命是唯一的愿望,都在为说服人们为太空探索投入大量人力和财政资源方面发挥着重要作用。

1.2.4 卫星应用和附带利益

直接利用太空资源影响人们日常生活的方式是有据可查的,并且可能是最容易理解的。天气预报、通信和基于全球定位系统(Global Positioning System, GPS)的服务是太空时代最普遍的成就,以至于人们很容易忘记它们其实是依赖于价值数百万美元的在地球轨道运行的卫星。那些专门分析地球环境的一个或多个特殊的环境监测卫星,在人们的日常生活中也许不那么普及,但它们在了解和更好地管理地球环境及有限的资源方面,发挥着至关重要的作用,并造福我们的子孙后代。

卫星应用可以理解成完成明确规定的任务,但"附带利益"一词定义为"较大项目的副产品或附带的结果"。按照 NASA 的标准说法,衍生产品是"一种结合了 NASA 技术或专业知识的商业化产品"[a]。

> **知识链接:**
>
> ① 开普勒太空望远镜又译为开普勒空间望远镜,是世界首个用于探测太阳系外类地行星的飞行器,于美国东部时间 2009 年 3 月 6 日发射。它携带的光度计装备有直径为 95cm 的透镜,它将通过观测行星凌日现象搜寻太阳系外类地行星,主要对天鹅座和天琴座中大约 10 万个恒星系统展开观测,以寻找类地行星和生命存在的迹象。它的重要里程碑式科学发现事件有:发现首颗系外行星;发现质量和直径都最小的系外行星;发现首个 6 行星系统;发现首个围绕两个恒星运行的行星;发现位于宜居带中,围绕一颗类太阳恒星运行的最小行星等。2018 年 7 月,由于燃料即将耗尽,开普勒太空望远镜已开启休眠模式;2018 年 10 月 30 日,NASA 宣布,开普勒太空望远镜耗尽燃料并正式退役。

---

[a] 事实上,在这个概念中,可以用任何其他国家空间机构来代替 NASA。

知识链接：

① CCD 图像传感器使用一种高感光度的半导体材料制成，能把光线转变成电荷，通过模数转换器芯片转换成数字信号，数字信号经过压缩以后由相机内部的闪速存储器或内置硬盘卡保存，因而可以轻而易举地把数据传输给计算机，并借助于计算机的处理手段，根据需要来修改图像。CCD 传感器是一种新型光电转换器件，它能存储由光产生的信号电荷。当对它施加特定时序的脉冲时，其存储的信号电荷便可在 CCD 内作定向传输而实现自扫描。它主要由光敏单元、输入结构和输出结构等组成。它具有光电转换、信息存储和延时等功能，而且集成度高、功耗小，已经在摄像、信号处理和存储三大领域中得到广泛的应用，尤其是在图像传感器应用方面取得令人瞩目的发展。CCD 有面阵和线阵之分，面阵是把 CCD 像素排成一个平面的器件，线阵是把 CCD 像素排成一个直线的器件。

② 像素是"图像元素"的缩写，这个词是由另一位 NASA/JPL 工程师弗雷德里克·比林斯利（Frederic Billingsley）在 1965 年创造的。

其中包括：按照 NASA 的标准设计的产品，最初供 NASA 使用，然后商业化；根据 NASA 资助的协议或与 NASA 合作获得的专有技术开发的产品；在制造过程中采用 NASA 技术的产品；在设计或测试中得到 NASA 人员或设施重大贡献的产品；前 NASA 雇员的创业产品，其技术专长是在受雇于该机构期间获得的；以及利用 NASA 提供的数据或软件开发的产品。考虑到这个广泛的定义，下面介绍几个 NASA 衍生产品的案例。

20 世纪 60 年代，NASA 喷气推进实验室（Jet Propulsion Laboratory, JPL）工程师尤金·拉利（Eugene Lally）提出使用光电传感器的数字信号并制作静态图像。在接下来的几十年里，NASA 一直在考虑这个想法，直到电荷耦合器件（charged coupled device, CCD）图像传感器被研发出来①。这使科学界有机会为探测载荷配备体积小、重量轻、功能强大的图像传感器，适用于太空的极端环境，尤其是天文观测领域。事实上，使用 CCD 相机，可以记录高分辨率图像，并将其长期保存在固态存储器中，以便在下一个通信窗口时传输到地球。从侦察卫星到"哈勃"太空望远镜，CCD 都获得了极大成功，一旦以数码相机的形式进入商业领域，它就改变了民用市场。一般说来，图像传感器包含收集光子的称为"像素"的光电探测器阵列②。进入像素的光子被转换为电子处理器，产生可以组合成图片的信号。基于 CCD 的像素阵列就像一组排列的队伍，每个像素产生的光电荷沿着整个像素阵列传递到芯片，在那里首先被放大，然后被记录。但是 CCD

传感器需要大的功率和极高的电荷转移效率。当像素数量增加以获得更高的分辨率，或者视频帧速率加快时，这些困难变得更加复杂。

在20世纪90年代早期，当NASA树立"更快、更好、更便宜"的旗帜时，JPL工程师和CCD专家埃里克·福萨姆（Eric Fossum）认识到，通过使用互补金属氧化物半导体（complementary metal oxide semiconductor，CMOS）技术来改进CCD传感器的时机已经成熟，这是自20世纪60年代以来在制造尺寸不断缩小、晶体管数量不断增加的微处理器中，广泛使用的一种工艺。利用这项技术，不仅能够生产出与基于CCD的具有相同性能的同等传感器，还能够集成几乎所有用于定时和控制系统的相关电子设备，用于模/数转换和信号处理。于是，"片上相机"诞生了，随之而来的是"CMOS有源像素传感器"（CMOS active pixel sensor，CMOS-APS）这一新术语。正如福萨姆解释的那样："有源像素意味着像素中有一个有源晶体管，一个放大器。"

通过将完整的成像系统集成到单块硅片上，CMOS-APS技术完善了微型化、增强了可靠性、提高了信号完整性和运行速度，并将功耗显著降低到同等CCD传感器的1/100。事实上，它共享相同的微处理器和存储芯片制造平台，这意味着制造CMOS传感器比CCD传感器更具成本效益，也更简单。这有助于使用更小的相机系统，包括保护电子设备免受空间环境中的辐射影响。

福萨姆很快认识到，这项技术有潜力解决更多的非空间任务应用。1995年，他和一些同事创立了照片位（PhotoBit）公司，致力于CMOS-APS技术的转化及商业开发。在接下来的几年里，他们设计了专门的传感器，并将其授权给柯达（Kodak）和英特尔（Intel）等商业巨头。当手机成为"杀手级应用"，促使制造商追求体积更小、电池寿命更长的电子设备时，出现了商业性突破。很快，即使在尺寸和功率不是优先考虑事项的情况下，基于CCD的设备再也无法与不断下降的成本和不断提高的质量相竞争。现在，除了针对特定客户群的市场，几乎所有的数码相机和摄像机都使用福萨姆发明的CMOS-APS成像技术。

但基于CMOS的成像技术并不局限于人们的日常休闲活动，它已经在X射线医学成像等任务应用中确立了自己的地位。事实上，在胶片上进行X射线照相有许多缺点，最显著的缺点是胶片材料的成本高，难以储存曝光物，并会随着时间的推移而降解，因此需处理显影中使用的化学物质。最后但并非最不重要的是，使患者遭受了高剂量的辐射。

为了克服这些缺点，医学界开始将NASA开发的CCD技术应用于数字成像仪，该成像仪的特点是具有较高的灵敏度和较低的辐射剂量。因为不需要冲洗胶卷，所以取消了处理有毒化学品之类的注意事项。事实上，处理和周转速度要快得多，这意味着X射线技师和其他医护人员不必等待胶片处理的时间了。此外，可以操纵数字图像以改进诊断并将问题反馈给患者。然而，也有一些麻烦。例如，X射线不能用透镜聚焦，并且数字X射线成像器的像素阵列必须匹配被观察物体的尺寸，这意味着大量的像素。基于CCD的阵列必须通过阵列将每个像素的电荷从一个像素转移到另一个像素，且几乎没有损失。像素的数量越大，总的潜在损失就越大，存在降低分辨率的风险，这可能导致在检测患者健康状况的重要细节时出现错误。

这促使希克科技公司（Schick Technologies）于1995年与PhotoBit公司合作，并获得了开发CMOS-APS牙科成像仪的独家许可权。已命名的计算牙科射线照相机（computed dental radiography, CDR），该产品采用电子传感器代替X射线胶片，可在3s内生成清晰明了的图像，并可根据需要放大和增强识别。它与几乎所有的X射线管兼容，与现有的医学管理系统无缝集成，甚至允许校正曝光不足的射线照片。CMOS传感器的低功耗要求使该公司能够开发微型电池供电设备，例如安装在口腔内并显著提高患者舒适度的口腔内X射线传感器。CMOS成像器还允许放射科医师使用最小剂量快速读出几个像素，进行低分辨率预览或检查曝光，而基于CCD的成像器则必须读出整个阵列。

NASA还投入大量精力开发软件包，以精确处理从行星探测器和太空望远镜接收到的数据。在1966年，NASA在喷气推进实验室建立了图像处理实验室。从那时起，NASA发明了视频图像的通信与检索（video image communication and retrieval, VICAR）软件，它的研发为理解从"旅行者"（Voyager）号到"新视野"号任务的图像奠定了基础。同样的软件包，在动脉粥样硬化的早期诊断中发挥着至关重要的作用。动脉粥样硬化是指胆固醇和脂肪物质在动脉中的积聚，以及动脉硬化，限制了心脏的血液供应并阻碍了氧气流动。动脉粥样硬化也称为"沉默的杀手",因为在一条或多条主动脉变得充血以至于出现严重问题之前,它不会表现出明显的症状。通常,这会导致出现心脏骤停及死亡,而留给医疗人员到达现场并使患者苏醒的时间很短。动脉粥样硬化的一个明显标志是通过检查动脉的厚度获得的,因为这是该过程的初始阶段。这就是加州棕榈沙漠的医疗技术国际(medical technologies international, MTI)公司申请了Arterio Vision 专利的原因,这是一个基于 VICAR 软件的软件包。在对颈动脉进行超声检查后,ArterioVision 可精确测量内部两层(内膜和中膜)的厚度[a]。通过了解其动脉网络的真实状况,患者可以意识到通过改变饮食和锻炼来改变其生活方式的必要性,这项技术目前正在全世界范围内使用。

在太空时代早期设计第一艘航天器时,NASA 意识到:如果星载电子设备保持朝向或背向太阳的方位,它们将受到飙升或冻结温度的影响,而电子设备在极端温度下表现不佳。因此,一种补救措施是将航天器进行旋转,使其内部温度均匀。但是,如果任务目标要求保持定向,航天器将不得不承受它朝向太阳和朝向太空的两面之间的极端温度变化。另一种选择是使用热管,最基本的结构是具有沿其长度分布的内部多孔的吸液芯和与其蒸汽处于热力学平衡的挥发性液体的密封管。当管道的一端受热时,液体蒸发并转移到冷端,在那里再次冷凝。在这一端,液体撤回到吸液芯中,以产生将液体运输回热端的压力梯度。如果一端保持温暖,而另一端保持寒冷,只要有足够的液体,这个过程就会持续下去。这种散热方式不需要移动部件,也不需要消耗能量。热管技术有多种方案和外形尺寸,这只是被动式热控制系统的一部分。

1970 年,热微芯(Thermacore)公司成立,目的是将这一技术应用到航天工业系统之外。一个受欢迎的领域是电外科,其使用电流来切割、凝固、干燥或电灼生物组织。由于具备更精确的定位切割和不易失血的特点,它极大地有益于患者。一种常见的器械是双极钳,这是一种使用电流烧灼或消融其尖端之间组织的双头工具,如图 1.4 所示。虽然与太空探索的联系并不明显,但双极钳与航天器的电子设备有着相同的热管理问题。问题是,在镊子中产生热量的电流

---

[a] 选择颈动脉进行测试的原因是,因为颈动脉是最接近皮肤表面的最大血管,易于检查,而无需进行侵入性操作。

会损伤周围的组织,有时会导致它粘在加热工具的尖端上。例如,在研究一个人的大脑时,你肯定想尽可能少地烧掉灰质。通过利用他们的优势为航天工业服务,热微芯公司决定将极薄的热管嵌入双极镊子尖端。挑战是在如此小的体积内提供足够的热传输能力,并如何保持对抗重力运行的能力。

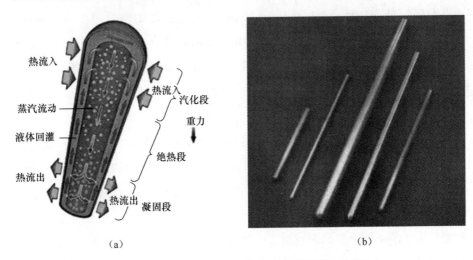

图1.4　热管可以将热量从过热的区域输送到需要的地方

注:热微芯公司为不同的应用提供各种尺寸和配置,但它们都采用相同的基本设计(图片来源:Figure 1.4)

除了脑外科手术工具外,热微芯公司还改进了机器人手术系统,该系统利用激光、PET-CT扫描仪、切除癌症病变的设备、DNA设备、血液分析仪以及更多应用设备。

一个改变人生的事件可以让我们学会从不同的角度看待事物。美国国家航空航天局喷气推进实验室(NASA/JPL)的工程师大卫·索西尔(David Saucier)就遇到了这种情况,他在1983年心脏病发作,第二年他很幸运地接受了心脏移植手术,而许多人在等待合适的捐赠者时死亡。尽管索西尔和贝勒医学院(Baylor College of Medicine)的外科医生迈克尔·德巴克里(Michael Debakery)在完全不相关的领域工作,但他们都是流体泵方面的专家,前者了解航天飞机主发动机的推进剂涡轮泵由内而外的工作原理,而后者是将血液输送到全身的人类心脏方面的专家。

两人决定将他们的知识结合并联手开发出一种泵,在寻找合适的捐赠者的同时,也为充血性心力衰竭患者争取时间。索西尔和德巴克里以及他们各自所属科研机构的其他人在业余时间开始工作。他们研发了一种微型电池供电泵,尺寸为1in×3in(1in=2.54cm),质量仅为4oz(1oz=28.35g)。通过协助危重病人的心脏泵血,直到心脏可用于移植,它变成了"移植的桥梁"。虽然当时已经有了这样的心室辅助装置(ventricular assist device,VAD),但它们很笨重,质量约为1kg。而NASA设计的VAD的尺寸和质量更小,更适合植入患者的胸腔,甚至是儿童的胸腔。当意识到轴向旋转叶轮中的摩擦和压力可能会损坏血细胞时,有必要对泵进行优化改进。位于加利福尼亚州莫菲特地区(in Moffett Field)的艾姆斯研究中心(Ames Research Center,ARC)的NASA高级超级计算部门的切廷·基里斯(Cetin Kiris)和多赞·夸克(Dochan Kwak)提供了这样的帮助。通过使用与模拟航天飞机主发动机涡轮泵的流体流动相同的计算流体动力学软件,他们改进了索西尔和德巴克里的VAD的设计,以消除其缺陷并使其更加好用。

1996年,NASA为该设备申请了专利,并向位于得克萨斯州休斯顿的MicroMed技术公司转让了专利并授予独家生产许可权。达拉斯·安德森(Dallas Anderson)资助了NASA发明的进一步转化应用,用于治疗危重心脏病患者。1998年11月,一名56岁的男性是第一个接受该装置的人。从那时起,这种MicroMed公司的德巴克里VAD装置已被植入世界各地的数百名患者体内,帮助他们在等待心脏移植过程中维持存活。2002年,NASA定期出版的 *Spinoff* 杂志报道:"由于泵的尺寸较小,植入的患者中有不到5%的人发生了与该设备相关的感染,而较大的VAD的感染率约为25%。此外,MicroMed公司的VAD设备可用电池续航时长达8h,使患者能够基本维持正常的日常活动。"

1.3 太空探索的意义

在简要阐述了一些基本理由之后,是否可以说太空探索是值得的呢?卫星应用已成为现代生活不可或缺的一部分。如果拒绝它们,即使是短暂的,我们也会变得沮丧,甚至可能会恐慌。移动通信使全球化成为可能,并加速了全球化,使世界变得更小。在不远的未来,在低地球轨道上建立起大型卫星星座足以让发展中国家的农村地区受益于卫星互联网服务。从空间进行环境监测对一个国家的经济有很大的影响,使其能够对境内地貌和资源状况有全面的了解,从而制定出最佳的开发和利用计划。当然,没有必要再去强调天气监测或根据海洋、陆地和大气中的主要影响因素,给天气预报带来的好处。同样地,以收集情报为目的的侦察卫星已被证明是维护国家安全的有效工具,不仅用于战争,也用于应对全球恐怖主义的威胁。

不能否认,探索是人类的一种天性,就像存在于编码基因(DNA)中,几千年来一直驱动着人类的文明和社会进步。我们也无法抗拒"边疆"的诱惑,无论是要到达的地方,还是要取得的成就。在复杂性和壮丽中超越是一种纯粹的人类天性,古往今来一直很好地服务于我们。对我们的成就感到自豪的需要与人类的历史一样古老。你可以想想埃及的方尖碑,或者亚述的浮雕,或者任何记载了成功的战斗及征服的其他文明。在20世纪,美国通过派人在月球上行走并带回岩石样本来庆祝它的存在。

虽然不可否认历史上任何复杂的社会和文明都扩大了其领土,但探索的冲动实际上是少数人的特权。也就是说,我们可能都有探索者基因,但它只在少数人身上活跃。

例如,考虑到即使强大的"阿波罗"计划也没有得到无条件地支持,尽管大量的公众传媒都支持它。1965年10月,哈里森民意测验(Harrison Poll)问道:"如果必须选择,你认为每年在航天计划上花费40亿美元与减少国家债务相比,是重要还是不重要?"大约54%的人选择了后者。4年后,在第一次登月前夕,赞成重新分配资金以收回国债的人比例上升到56.4%。1964年10月,在一项关于"你认为美国应该全力以赴在载人登月飞行中击败俄罗斯人吗?还是你认为这太重要了?"的调查中,66%的人回答说击败俄罗斯人"不太重要",8%的人不知道如何回答。几个月后,在另一项调查中问道:"俄罗斯人在我们的航天计划中一直领先于我们,这对你来说很重要吗?"54%的受访者表示这根本不重要。

这同样适用于打破关于宇宙奥秘的知识边界。看到冥王星的特写照片或发现伽马射线爆发的起源是令人着迷的,但同样,这种科学好奇心并不属于每个人。无论如何,并不是所有有科学爱好的人都一定会对天文学感兴趣。如何寻找现在或过去的外星生命的迹象？2004年1月,"勇气"号和"机遇"号火星车成功登陆火星后,盖洛普(Gallup)为美国有线电视新闻网(CNN)和《今日美国》(USA Today)进行的一项民意调查问道:"你认为是否值得美国去查明火星上是否曾经有过生物?"54.4%的人都认为不值得。虽然从学术和哲学的角度来看,在火星上发现生命是一件了不起的事情,但专门为此目的投入大量人力和财政资源似乎不足以成为太空探索的理由,而仅仅是满足科学界这种兴趣的借口。

虽然还有其他例子,但很明显,真正的"房间里的大象"是未能获得大部分普通民众的支持。你可以把自己列入怀疑论者之列。事实是,太空探索与普通人的日常现实相去甚远,他们不得不在日益不稳定的经济和工作环境中努力维持生计。社会不平等的加剧,以及自动化机器替代了人的工作使得普通人的生活变得困难。因此,将少数几个人送入太空的理由得不到太多的支持。事实上,它更可能会引起人们的怨恨,因为这似乎是一笔无用的支出,而这笔支出本可以更好地用于改善居住在地球上人们的生活。把殖民太空或定居地外天体表面作为一种保险政策的论调似乎有些道理的。但是,被一颗大到足以导致人类灭绝的小行星撞击的概率是如此之小,以至于很容易从我们的脑海中消失。我们的大脑会对造成直接危险的情况做出反应,而不是对可能逐渐发展成危险的情况持续做出反应。罗马人、玛雅人、高棉帝国,伟大的文明繁荣了很长一段时间,然后突然崩溃。崩溃的迹象是慢慢显现出来的,但当达到无法回头的地步时,恢复已经太晚了。

此外,通常为推动太空飞行找到的理由总是在发达国家的背景下提出的。而现实中绝大多数的人类生活在饱受贫穷、营养不良和暴力影响的社会状况中,太空飞行是他们最不关心的。难以想象,对于一位为孩子寻找食物的母亲来说,让她知道航天可以帮助我们的物种在灭绝中幸存下来,这到底会有多重要呢?因为这是与她的现实迫切需求相去甚远的。心理学家亚伯拉罕·马斯洛(Abraham Maslow)在其1943年的论文《人类动机理论》(A Theory of Human Motivation)中提出了"需求层次"理论,该理论将生理需求和安全作为生活中任何其他需求的基础,如源自探索和发现的自我实现。这适用于任何人,无论他们的成长经历或国内生产总值如何。

那么,太空探索真的是值得付出努力吗?

1.4 值得开展的太空探索计划

从我记事起,我就一直是太空探索的倡导者。起初,我对勇敢的航天员和在权威的国家科研单位中工作的有才华的工程师们所取得的非凡成就由衷地钦佩,但后来我开始怀疑太空探索的合理性。可以肯定的是,探索太空的目的使我们在航天领域取得了 60 多年的持续成就,并继续推动我们朝着这个方向前进。对于卫星应用、国家安全、太空探索和访问太阳系中的天体来说,情况尤其如此,相信我们可以做得更多。特别是,我们可以将太空从一个纯粹满足科学好奇心的目的地转变为一种资源,以促进人类为造福地球而开展活动。地球是我们目前拥有的唯一家园,能够维持稳定的生物圈,从而维持我们的物种。

杰勒德·K. 奥尼尔(Gerard K. O Neill)在他的《高边疆》(*The High Frontier*)一书中写道:在我看来,我们设定与太空宜居性相关的长期目标,应该是那些每个对他人怀有善意的理性人都能认同的目标。我认为,下列目标符合这项标准,它们应该是我们最重要的目标,不仅是出于人道主义原因,更是为了我们自身的利益。

(1)消除全人类的饥饿和贫困。

(2)为全世界人口寻找高质量的生活空间。

(3)在没有战争、饥荒、独裁或胁迫的情况下实现人口控制。

(4)增加个人自由和每个人的选择范围。

他还提出了"每个人都可以获得无限的低成本能源"和"无限的新材料来源,无须偷窃、杀戮或污染"的理由。虽然这听起来像是科幻小说中的梦境,但在接下来的章节中,我的愿望是证明在某种程度上这是个合理的空间计划,可以将这种信念转化为现实,而这样做并不超出我们当今的技术能力。

从本国到全球,许多问题影响着我们的现代生活方式和环境。加拿大不列颠哥伦比亚(British Columbia)大学的马西斯·瓦克纳格尔(Mathis Wackernagel)和威廉·里斯(William Rees)在 1990 年发明了一种名为"生态足迹"(ecological footprint)的指标,旨在将人类对可再生资源和生态服务的实际消耗与大自然对此供应速度进行比较。它衡量的是我们消耗自然资源和倾倒废物的速度与大自然产生新资源和吸收废物的速度之间的关系。从这个意义上说,"生态足迹"是我们对自然资源的需求与自然能够有效供应和生产能力(也称为"生物能力")的核算系统。更具体地说,"生物能力"定义为一种衡量指标,表示现有生物生产区域(biologically productive area)能够提供以食物、纤维和木材等形式再生自然资源,并提供碳封存[①]。它是根据五类用途来衡量的,即耕地、牧场、渔场、林地和建筑用地。

"生物能力"和"生态足迹"都以生物生产力的公顷当量单位表示,称为全球性公顷(Global hectare,GHA)。一个GHA代表具有世界平均生产力水平的每公顷区域的生物生产力。通过具体国家的产量系数和等值系数进行实际土地面积到全球公顷数的转换,这使热带森林等高生产力地区和高山沙漠等低生产力地区变得正常易理解。

换句话说,也可以把"生态足迹"设想为人类文明是否可持续的最低条件的指标,以及我们的消费是否符合地球"生物能力"所定义的生物阈值。因此,生态足迹被广泛应用于监测生态资源利用和可持续发展程度。另一个颇有深意的参数是地球超载日(earth overshoot day,EOD),这是某一年中人类对自然的年度需求超过当年生态系统所能再生的日期。例如,在2019年,地球超载日是7月29日。令人震惊的是,这个日期一年比一年提前,如图1.5所示。

知识链接:

① 碳封存(Carbon Sequestration),指的是以捕获碳并安全存储的方式来取代直接向大气中排放CO_2的技术。这个设想包括:(1)将人类活动产生的碳排放物捕获、收集并存储到安全的碳库中;(2)直接从大气中分离出CO_2并安全存储。由此,人们将不再是通过CO_2减排,而是通过碳封存的方法,同时结合提高能源生产和使用的效率以及增加低碳或非碳燃料的生产和利用等手段来达到减缓CO_2浓度增长的目标。地球陆地上的生态系统对CO_2的吸收是一种自然碳封存过程。植物在其生长过程中,需要利用CO_2合成有机物,它们能够在一定的浓度范围内吸收CO_2,从而节省了将其分离、提纯等技术的花费。因此以森林再造、限制森林砍伐等方式来实现碳封存被认为是最具经济效益的方式,而保护地球上的生态系统则有利于碳封存的维持和扩增。

太空采矿与制造
—— 地外资源及变革性工程技术

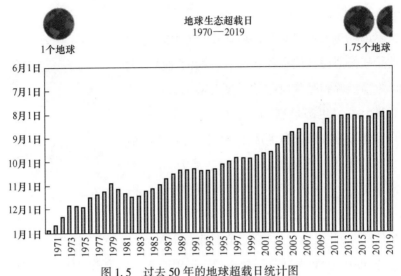

图 1.5　过去 50 年的地球超载日统计图

(图片来源:全球生态足迹网站,2019 年国家生态足迹)

注:少数几个明显的下降并不是指人类有意采取政策来减少我们对自然的影响的年份,而是与重大经济危机的年份相吻合,如 1973 年的石油危机,1980—1982 年美国和许多经合组织国家的深度经济衰退,以及 2008—2009 年的全球经济衰退期(图片来源:Figure 1.5)。

简单地说,人类的消耗已经超过了地球生态系统所能承受的范围。我们实际上是在借用后代的生物能力和收入进行生产。这种地球"储蓄账户"的流失只能持续到储备耗尽为止。根据计算,截至 2019 年,人类利用自然资源的速度是地球生态系统所能容忍的 1.75 倍。生物圈需要一年零八个月才能再生出我们一年消耗掉的东西。换句话说,至少需要 1.75 个地球来维持我们目前的消费和进行废物处理的水平。

当前许多地球科学家和生物学家都认为,我们已经过渡到一个新的地质时代,即人类世(anthropocene)[①],这并不奇怪。这是因为人类活动深刻地改变了环境的各个方面,包括丧失生物多样性、海洋酸化、土壤侵蚀、森林砍伐和其他气候变化等迹象。事实上是,对环境和气候改变的适应贯穿了地球的整个发展史,但它们从未如此集中在有人类的时间范围内。它们不是在数千年(也不是数百万年)内缓慢发生,而是在几十年内发生了明显变化,这是人类作为单一物种所施加影响的结果。

第1章 太空探索的目的和意义

> 知识链接:

① 人类世是指地球的最近代历史,人类世并没有准确的开始年份,通常认为是由18世纪末人类活动对气候及生态系统造成全球性影响开始。这个日子正与詹姆斯·瓦特(James Watt)于1784年发明蒸汽机吻合。一些学者则将人类世拉到更早的时期,例如人类开始务农的时期。

从1950年起的50年中,人口总数、风化率、大气中二氧化碳含量、全球气温和海平面都发生了异动,与过去10000多年来的变化趋势截然不同。科学家们认为,人类造成的地质变化,主要体现在以下四个方面:

1. 地质沉积率的改变(changes to physical sedimentation)

人类使得陆地上的侵蚀和风化大大加速。直接的表现是农业和各类建筑物,间接的表现是修建大坝改变河道。人类引发的风化率比自然风化率高出一个数量级。

2. 碳循环的波动和气温变化(carbon cycle perturbation and temperature)

大气中的二氧化碳含量在2005年是379×10^{-6},比工业化时代前高出1/3,是将近1000万年以来的最高值。即使是保守地预测,到21世纪末期,这个含量还将翻倍。大气中的甲烷(Methane)含量已经比工业革命前翻了1倍。变化速度之快前所未有。

全球气温的变化滞后于温室气体含量的变化。这可能与人类大量排放硫酸盐有关。但是,20世纪气温的总体趋势是在上升,并且在过去20年中开始加速。科学家们一致同意,二氧化碳的排放是主要原因。有预测说,21世纪结束时的气温,将比现在高1.1~6.4℃。这将是6000万年以来的最高气温。

3. 生物的变化

人类造成了很多动物和植物的灭绝。这个过程可能早在1万年前就开始了。并且,人类还造成大多数巨型动物种群的消失。物种的加速灭绝和生物数量的下降,已经从陆地蔓延到了海洋。这种生物种群的变化速度堪与冰河期来临时相提并论。

预期中的气温上升,还将对许多生物的聚居地带来毁灭性的变化。这种变化可能比上一个冰河期时更严重,因为那时环境中没有人类活动,生物"逃生"的路线比现在大得多。

4. 海洋的变化

从全新世开始前到工业革命前,海平面在1万多年中,大约上升了120m。上个世纪的海平面只有轻微的上升。有预测说,到2100年,海平面将比现在上升0.19~0.58m。这个预测没有考虑到近期地球的冰带区域出现了加速融化的趋势。在全新世早期,大量冰山崩塌曾经引发海平面的快速上升。现在预测只是一个短期预测,从长期来看,当达到新的均衡状态时,可能气温每上升1℃,海平面就将上升10~30m。

相比工业革命前,表层海水的PH值变小了0.1了,这意味着海水变得更酸性了。这主要是因为人类排放二氧化碳。未来海水的酸性化趋势,与二氧化碳排放密切相关。它的后果一方面是物理的(海洋底部碳沉积物的溶解),另一方面是生物的(许多分泌碳来构造自身骨架的生物,将无法成长)。这对海洋中的珊瑚礁和许多处在食物链底层的浮游生物都有巨大的影响。

2010年6月,澳大利亚国立大学微生物学著名教授、人类消灭天花病毒的功臣弗兰克·芬纳称人类可能在100年内灭绝,"人类世"将终结。

导致出现这些戏剧性的变化有几个影响因素。一个是人类对矿产资源的需求日益增长,以满足原材料的制造业,从而满足我们的日常需求和愿望。简单地说,开采资源类似于一种侵入性的外科手术,地球会留下很深的疤痕,很难完全愈合。开采资源需要搬动大量的土壤,并利用会产生严重污染的化学品和物理过程将宝贵的资源与废料分离。矿区通常布满了大量等待处理的污染水(如果可行)和剩余废料的堆放场。任何重要采矿活动周围的环境都发生了深刻的变化,但并没有变得更好。同样,制造业把原材料变成货物和商品的过程总是污染着周围的环境。借用著名科幻小说作家罗伯特·A.海因莱因(Robert A. Heinlein)的话:热力学第二定律就像一个"苛刻的情妇"。物质和能量不能创造,只能转化,这个过程包含了热量、不完全反应、废物等形式的损失。环境、水、土地和空气必须适应热力学第二定律。总体来看,这种能源和物质损失统称为污染。地球的生态系统能够吸收污染。每个活的有机体和生物过程都会在一定程度上污染其周围环境。正如谚语所说,"一个人的垃圾正是别人的财富。"大自然是聪明的,它的许多生命形式是共生的,以彼此的废物为食。例如,动物粪便是由微生物分解的,这些微生物使土壤变得肥沃,并为食草动物提供新鲜和营养丰富的植被。自然界产生的最基本的废物之一是氧气,由植物的光合作用过程释放出来。而氧气对所有具备有氧呼吸器官的动物都是至关重要的,包括人类。此外,动物呼出的二氧化碳是植物所需的养料。在自然界中,一切都在给予和索取的循环中运行,整个生物圈维持着平衡状态。当事情失控时,困境就出现了。

人为造成的污染问题在于产生与排放的废物数量和速度,已经远远超过了生物圈吸收、中和、分解和转化我们所制造出的废物的能力。这个困境由于某些大自然永远不会自己生产制造出的精细物质而变得更加复杂,例如塑料以及电子设备中使用的稀有金属和重金属的混合物。

地球的生物圈就像一个自我调节的有机体,寻求自我保护。这是英国科学家詹姆斯·洛夫洛克（James Lovelock）在20世纪60年代末提出的盖亚假说（Gaia hypothesis）①。在太空时代的早期，他是美国NASA/JPL的一个团队的成员，该团队正在研究可能的实验，以确定像金星和火星这样的行星是否可能孕育出生命。洛夫洛克的理由是，任何可能存在的地外行星生物圈都需要一种流体介质，如水或空气，或两者兼而有之，来运输营养物和排放废物。结果，流体介质将显示出明显脱离化学平衡的混合物。事实上，这就是地球大气层的情况。以氧气和甲烷同时存在为例。在有阳光照射的情况下，这两种气体会发生化学反应，变成二氧化碳和水蒸气。甲烷将在几十年内几乎完全耗尽。然而，它在大气中的浓度是恒定的，正如对冰芯样本的分析，它已经存在了数百万年。更引人注目的是，为了保持这种状态，每年必须向大气中释放大约5亿吨甲烷。因为甲烷与氧气发生反应，还必须补充在甲烷转化中损失的氧气。氮也是如此，它在大气成分中的占比是78%。由于海洋覆盖了地球表面70%的面积，化学性质决定了氮应该主要以溶解在海水中的硝酸根离子的稳定形式存在。然而，它在大气中主要以气态存在。洛夫洛克在《盖亚：重新审视地球上的生命》（Gaia: A New Look at life on Earfh）一书中写道："研究结果让我们相信，地球上绝不可能存在的大气层，唯一可行的解释是，它每天都在被地表操纵，而操纵者就是生命本身。熵在显著减少，或者用化学家的话说，大气中持续的不平衡状态本身就是生命活动的明证。"

因此，生命动态地将地球的大气成分调节到稳定状态。此外，生命的作用是确保地球继续提供一

> 知识链接：
>
> ① 在盖亚假说中，洛大洛克把地球比作一个自我调节有生命的有机体。但这并不意味着世界是有生命的，而是说生命体与自然环境——包括大气、海洋、极地冰盖以及我们脚下的岩石之间存在着复杂连贯的相互作用。

个有利于其生存和繁衍的环境。例如,大气中78%的氮气和21%的氧气混合在一起,可以防止火灾爆发及迅速蔓延整个地球。只要少一点氮气或多一点氧气,即使是篝火也会造成严重的风险。如果氧气减少,大部分生物圈将迅速窒息。温度调节是生物圈的另一个特征。自大约35亿年前生命诞生以来,母恒星(太阳)的热量输出至少增加了25%。然而冰芯样本证明,在这段时间里地球的温度一直保持着相对稳定,处于有利于生命的水平。这是生命如何在全球范围内为自己的生存建立和维持环境条件,从而调节地球气候的有力证据。自从洛夫洛克在1968年发表在《美国宇航学会学报》第一篇关于该主题的同行评议论文以来,该论文题目为"行星大气:与生命存在有关的成分和其他变化"。盖亚假说引起了越来越多的关注,并逐步发展成为一个更加全面的体系,将盖亚定义为"由所有生命与空气、海洋和表面岩石紧密结合而形成的超有机体"①。

洛夫洛克在《盖亚消失的面孔》(*The Vanishing Face of Gaia*)一书中写道:"20世纪科学的灾难性错误在于,假设我们所需要了解的气候变化,可以通过功能越来越强大的计算机模拟出空气的物理和化学过程,然后假设生物圈只是被动地对变化做出反应,而不是意识到它处于主导地位……真实的观察和测量证伪了21世纪关于地球是被动资源的观点。我们的农场和城市之外的自然世界并不是装饰品,它用于调节地球的化学平衡和气候变化,生态系统是盖亚的器官,使它能够维持地球的宜居性。尽管我们的生活方式具有侵犯性,但盖亚长期以来一直通过负面反馈来抵制我们的干预,反对用温室气体来改变大气成分,以及将自然森林覆盖改变为农田的方式。"

知识链接:

① 火星和金星缺乏任何形式的表面液态水,这是存在任何潜在生命的唯一媒介。可用于原料运输和废物处理的是大气。而广泛研究表明,这两颗行星大气成分已经接近化学平衡。因此,根据盖亚假说,这两颗行星都不存在生命。

在人类的新时代,这种自我调节并为人类提供了舒适环境的机制受到了严重的威胁。然而出乎意料的是,盖亚永远是赢家。洛夫洛克接着说:"人们常常错误地认为,生命只是适应了当时的物质环境,而不管它是什么;在现实中,生命更有进取心。当面对不利环境时,它可以适应,但如果这不足以实现环境稳定,它也可以改变。我们现在正在做……而地球系统似乎正在放弃挣扎,正准备逃到一个更安全的地方,一个气候稳定的地方……地球的气候历史告诉我们,在如此炎热的状态下,盖亚仍然可以自我调节,并在生物圈缩小的情况下继续生存……盖亚是这样维持一个宜居星球的:将适宜居住的物种繁荣昌盛,而那些污染环境的物种要么倒退,要么灭绝。"

当然,我们意识到了这一点,是因为近年来我们见证了越来越多的"绿色"活动家运动,这些运动在任何基础项目中都强调可持续发展和爱护环境,无论这些项目是大是小。如前所述,获取和利用资源是对虐待盖亚和危及我们自身生存负有主要责任的活动之一。关于我们该如何扭转这个趋势或缓解这个问题,有许多建议。

一个合理的办法是在环境污染概念根本不适用的地方获取资源并将其转化为商品。这样的假设可能存在吗?减轻对地球生物圈的伤害,唯一合理的资源开采和商品制造地点应该是在没有生命的地方。太空就是这样一个领域。据我们所知,太空中没有任何生物。事实上,在缺乏尖端技术的特殊预防措施的情况下,太空的任何物理属性都不利于生命。开发太空资源和在轨生产制造商品货物的想法并不新鲜。甚至在"阿波罗"11号登陆月球之前,NASA和许多富有远见的工程师就提出了这样的航天计划。在20世纪七八十年代进行了几项值得关注的研究,论证了这种可能性。研究人员发表了报告,举行了会议,并在轨道上进行了谨慎的制造实验。但是,从来没有认真考虑过这种可能性,即太空可能不仅是发现的场所,其本身即是有用的资源。

现在是重新考虑这个想法的时候了,特别是现在我们已经认识到自己曾经对地球造成的破坏。我坚信,与太空有关的活动可以而且应该成为我们正在实施的保护和修复环境的解决方案的一部分。与太空有关的活动不能也不应该仅仅是一个国家炫耀其技术实力或取得军事优势的方式,甚至是单纯满足其对知识渴求的方式。

正如奥尼尔所言,与太空有关的活动必须满足人道主义需求,"为世界人口找到高质量的生活空间"和提供"无限的新材料来源,而不是偷窃、杀戮或污染"。清洁的环境,或者换种说法,没有超出其再生能力的生物圈,无疑将有助于提供高质量的生活空间。亚马逊公司首席执行官杰夫·贝佐斯（Jeff Bezos）是开发太空资源、将重工业及制造业转移到太空的坚定倡导者,他也是奥尼尔愿景的追随者。正如经常发生的那样,有远见的人被认为是古怪的,不应该被太认真地对待。我们生活在一个追求当下、即时满足的快节奏世界里,这使我们几乎无法执行一项长期计划,而这项计划可能在我们离世很久之后才会实现。但是,如果我们想要保护地球生物圈的壮丽,并与其无数的生态系统和谐相处,就应该采取尽可能多的措施,其中之一便是进行太空资源开采和建立起空间制造业,以增强（并随后取代）地球上的同类产业。

这是在第 2 章中讲述的主题。我并不打算把这种与太空有关的活动作为解决我们所有环境危机的灵丹妙药。这个问题是多方面的,需要多种解决办法。但我相信,与太空有关的活动有可能成为各种解决办法的重要组成部分,每一种解决办法都针对一个或多个具体问题。随后的章节将看到这种能力如何首先被描述出来,然后转化为现实。

第 2 章集中讨论太空所能提供的资源,并通过总结数十年来的观测和样本分析结果,介绍我们所知道的月球和小行星的成分。

第 3 章和第 4 章探讨建议开采和加工这些资源的方法,并将其转化为适合在太空中制造高价值产品的原材料。尽管资源开采是几乎与人类一样古老的活动,但我们将认识到,太空和地外天体表面环境如何能够阻碍或促进原材料的开采和加工。

第 5 章和第 6 章介绍如何在轨道空间和地外天体上进行制造。如前所述,工业生产是改变地球生物圈的另一个关键因素。空间制造业可以减轻我们对地球环境造成的压力。

第 7 章重点介绍已经可用或正在开发的几种技术,可以帮助我们开启空间制造业,部分取代我们在地球上的工业基础设施能力。

第 8 章强调,实施一项能够为人类带来真正利益,但不超出我们能力范围的太空探索计划,并考虑从空间制造业中可能获得的额外回报。

最后,让我们共创一个值得去做的太空探索计划!

参考文献

[1] Clarke, A., Zubrin, R. and Wagner, R. (2014). *Case for mars*. Free Press.

[2] Dick, S. and Launius, R. (2019). *Critical Issues in the History of Spaceflight*. NASA.

[3] Earth Overshoot Day. (2019). *Earth Overshoot Day 2019*. [online] Available at: https://www.overshootday.org/ [Accessed 1 Jul. 2019].

[4] Heppenheimer, T. (1982). *Colonies in space*. Warner Books.

[5] Lovelock, J. (2009). *Gaia: A New Look at Life On Earth*. Oxford University Press.

[6] Lovelock, J. (2010). *The Vanishing Face of Gaia. A Final Warning*. Penguin Books.

[7] O'Neill, G. K. (1978). *The High Frontier: Human Colonies in Space*. Bantam Books.

[8] Sagan, C. (2008). *Pale Blue Dot: A Vision of the Human Future in Space*. Paw Prints.

[9] Seti.org. (2019). *Home | SETI Institute*. [online] Available at: https://seti.org/ [Accessed 27 Jun. 2019].

[10] Spinoff.nasa.gov. (2019). *NASA Spinoff*. [online] Available at: https://spinoff.nasa.gov/ [Accessed 27 Jun. 2019].

[11] www.nasa.gov. (2019). *Excerpt from the 'Special Message to the Congress on Urgent National Needs'*. [online] Available at: https://www.nasa.gov/vision/space/features/jfk_speech_text.html [Accessed 27 Jun. 2019].

[12] www.nasa.org. (2019). *Excerpts of President Reagan's State of the Union Address*, 25 January 1984. [online] Available at: https://history.nasa.gov/reagan84.htm [Accessed 27 Jun. 2019].

图片来源

Figure1.1: The International Space Station. Operating an Outpost in the New Frontier. (2018). NASA, p.19.

Figure1.2: https://mars.nasa.gov/resources/3650/curiositys-sky-crane-maneuver-artists-concept/

Figure 1.3: https://settlement.arc.nasa.gov/teacher/70sArt/art.html

Figure1.4: NASA Spinoff 2017. (2018). [pdf] NASA. Available at: https://spi-noff.nasa.gov/Spinoff2017/index.html [Accessed 24 Jul. 2019].

Figure 1.5: https://www.overshootday.org/newsroom/past-earth-overshoot-days/

第 2 章
在哪里可以找到地外资源

2.1 地球与太空资源

"资源"一词广泛应用于商业、经济、地质学的各个领域。在探索太阳系中可用的物质之前,我们最好弄清楚在这个任务背景下"资源"的含义。

首先回顾什么是矿物?矿物是一种或多种化学元素组成的化合物,通常以晶体结构形式存在,这是自然统一过程的结果,而不是与生命有关的结果。在地球的全部地壳中共发现大约分布着 3000 种矿物。但是,在有些地区一种或多种矿物的丰度相对于平均丰度增加了几个数量级,人们通过地质调查已经确定了对这些矿物进行开采和利用可能产生的潜在经济价值。这些区域被定义为"矿产储区(mineral reserves)或矿产资源(mineral resources)"。然而,通常并不是所有的矿产资源都可以开采,如果该地区的开采条件太具挑战性或成本太高,就无利可图。要考虑的因素包括可用的开采技术、将资源运送到加工厂所需的基础物流设备、对该特定资源的市场需求、待开采区域可能产生的环境影响问题以及政府管控等。采矿公司进行有利可图开采作业的地区定义为矿区或矿储区(ores or ore reserves)[a]。由此可见,矿区只是矿产资源的一个子集,可被证明的经济利润是规范建立矿储区的主要评估参数。因此,随着时间的推移,某一特定矿区的矿物规模和数量可能会发生变化。随着市场对原材料需求的增加,以前被判定为无利可图或不适合开采的矿区也可以满足要求并进行开采。一个很好的例子就是石油和天然气的开采。虽然在过去位于深海水域的石油井被认为太难到达,因此不值得开采,但如今越来越多的石油钻井平台建设在这些地区上,未来还将陆续建设到更靠近北极地区的水域。

尽管上述定义适用于太阳系中的任何天体,但在地球上发现的储量和矿石的性质,与目前估计的月球和小行星的储量和矿石的性质有明显区别。在地球上,矿物储量通常是活跃的地质过程的结果,受到液态水和大气氧的显著影响。地壳实际上是一个全球系统,或者说是一个由大陆板块和海洋板块组成的"拼图",这些板块在一层具有黏性流体特性的硅酸盐岩石上缓慢迁移。在俯冲带中,一个板块滑到另一个板块下面,硅酸盐水合物岩石[b]被迫向下进入地壳下面的地幔,在那里高压和高温将水从岩石中释放出来,并产生超临界热流体。在这种状态下,水既不是液体也不是气体,它可以像气体一样在固体中扩散,也可以像液体一样溶解物质。在这种状态下,超临界热水非常活泼,可以溶解多种矿物质和金属离子,甚至是那些通常不溶于水的物质,如金和银。这种水通过火山、间歇泉和温泉的运动又回到了地表,在那里冷却并释放出溶解的矿物质和金属,因此形成了高品位的矿石地质。事实上,矿石通常出现在遥远的过去发生过俯冲的地方,这不是偶然的。例如,位于非洲和欧洲大陆之间的地中海地区,一个古老的海洋正在被挤出,那里发生了大量的板块俯冲和火山活动。

---

a 对于某些矿区类型,采用了其他术语,如"煤层(Seams)"用于开采煤,"石油井"(Wells)用于开采原油。

b 这些岩石的化学成分包括水。

太空采矿与制造
—— 地外资源及变革性工程技术

知识链接：

① 热液过程，也称海底热液循环（submarine hydrothermal circula）。指海水通过岩石裂隙或构造断裂带渗入海底地壳深层，并同地壳岩石发生化学成分交换。下渗的海水被地下岩浆或未冷却的玄武岩加热后，上升并以海底热泉形成喷出海底。喷出的热液在微量元素组成和大多数金属元素（例如，Fe、Mn、Cu、Pb、In、Hg、Ni 和 Co 等）含量上，与一般海水有很大的差异。由于环境条件（例如温度、En 值和 pH 值等）的突然变化，热液发生沉淀，从而在热液喷口附近形成热液沉积物—多金属软泥或块状金属硫化物。

1849 年，著名的加利福尼亚州淘金热是由热液过程①遗留的金矿被发现而引发的，当时是在位于加利福尼亚州中部一块古老大陆的边缘。

在某种情况下，细菌和其他生命形式也可以帮助扩大矿产储量和形成矿石，因为它们可以提高离子的溶解度，从而加速矿石形成的无机过程。在其他情况下，生物过程是开发特定资源的主要因素，如碳氢化合物和煤炭的生产。矿石的形成不一定需要高压水。事实上，水的蒸发会在地面上留下富含矿物质的残留物。这方面的一个典型例子是玻利维亚的乌尤尼盐沼（Bolivian Salar de Uyuni）地区，该地区的盐滩拥有地球上最大的锂储量。另一个不需要超临界水的过程是将金属元素溶解到熔融岩浆中，然后进行分馏和结晶。在这种情况下，如果结晶矿物的密度大于熔体，则结晶矿物在熔体内沉积。当熔体冷却时，它会产生连续的晶体层，形成复杂的层状结构，称为层状沉积物。

在月球和小行星上，液态水和活跃的构造地质没有发挥作用，形成完整的水地质化学过程从未出现过。更重要的是，缺乏氧气和生命阻止了整个氧化过程，生物未在矿石形成中发挥作用。因此，当涉及地外天体的资源和矿石时，我们不能指望某些地区的某种元素或矿物的丰度会升高。然而，月球是一个例外，可能是因为分馏产生的层状沉积物，当时该天体有一个缓慢结晶的岩浆海洋。

因此，一般来说，科学家猜测资源将广泛地分布在月球地壳的表面和深处，并完全分散在小行星内。正如我们将在后续章节看到的，这种资源分布的一致性可能会使人们对月球和小行星的开采变得更容易。

2.2 月球的起源

月球是如何起源的？纵观历史，关于人们对天然卫星是如何形成的猜测层出不穷。如果局限于现代文明的猜想，那么可以从查尔斯·达尔文(Charles Darwin)的儿子乔治·霍华德·达尔文(George Howard Darwin)爵士开始。乔治在1878年假设月球是通过行星级的裂变过程形成的，在这个过程中月球与地球分离。他的基本原理是基于月球围绕地球轨道运行所需的时间正在缓慢增加。根据开普勒天体动力学第三定律，这意味着月球正在逐渐远离地球[①]。他推断月亮一定曾经离得更近。因此，从逻辑上讲月球和地球一定是作为共同体开始的。早些时候，同行科学家奥斯蒙德·费希尔(Osmond Fisher)曾提出猜想：广阔的太平洋是月球分离后留下的伤疤。

但是，这种自然行为过程的想法是站得住脚的还是失败的，完全取决于它们的数学规律。"裂变假说"未能通过洛希极限(Roch limit)的检验，洛希极限是以法国天文学家爱德华·洛希(Edouard Roch)的名字命名，也是现代天文学使用的一个重要参数，用于研究拥有环的行星系统，如土星。它适用于两个或两个以上质量明显不同的天体。简单地说，洛希极限表示较小天体(如天然卫星)能够在行星系统中，由较大天体(如行星)产生的引力作用下幸存下来，并保持为由其自身引力结合在一起的独特天体的最小距离。在较近的距离内，较大天体产生的潮汐力超过了较小天体的抗拉强度，较小天体随后被撕裂，产生一团碎片，这些碎片随后会散开，形成一个壮观的环[②]。洛希极限约等于两个行星半径。地球的极限距离是12000km。因此，即使月球在遥远

知识链接：

① 月球逐渐远离地球的原因，与月球轨道周期的增加及地球自转周期(一天的长度)的减少有关。原因是地球表面运动的水体与下面的地壳(海底)摩擦导致潮汐能耗散。由于地月系统的角动量必须保持不变，因此，随着地球自转周期的减少，月球必须缓慢地向外移动。为了更好地理解，把地月系统比作旋转的溜冰者：溜冰者通过张开或闭合手臂，可以改变旋转速率，因为角动量是守恒的。

② 对于土星来说，除了两个最外面的土星环外，所有的土星环都在其洛希极限(或半径)内。E环是从"土卫二"南极发出的间歇泉的产物。它们释放出含有硅酸盐、二氧化碳和氨的水冰微粒。菲比环(Phoebe ring)是最大的环，比土星本身大7000倍。它是在2009年通过广域红外巡天探测卫星(wide-field infared survey explorer, WISE)的观测发现的，被认为是由宇宙粒子撞击从菲比表面喷出的尘埃颗粒组成。

知识链接：

① 为什么轨道高度只有几百公里的人造卫星没有被地球引力撕成碎片？洛希极限只适用于由于引力而聚集的天体，原本不相连的粒子因为引力而聚结在一起。而人造卫星是通过机械结构组装连接的，航天员的身体是通过化学键连接在一起的。

② 一个值得注意的例外是天王星。它的旋转轴倾斜97.7°，因此赤道与其轨道平面几乎成直角。实际上，这颗行星正沿着其轨道滚动。这种极端的倾斜很可能是与地球大小的行星碰撞的后果。

的过去离地球近得多，它也不可能在那个距离内作为一个由自身引力结合在一起的物体而存在①。因此，洛希极限的存在为法国天文学家和数学家皮埃尔-西蒙·拉普拉斯（Pierre-Simon Laplace）提出的"共同吸积假说"提供了证据，即地球和月球在太阳系的同一区域同时产生，是更大的地球引力将月球吸引到绕地轨道上。

20世纪初，在木星和土星的轨道上发现了一些逆行卫星。在天文学中，逆行运动被定义为与中心体旋转方向相反的轨道。因此，如果一颗行星以顺时针方向旋转（按照惯例，是从行星系统的顶部观察这样的系统）②，一颗逆行的卫星将以逆时针方向旋转。由于行星及其天然卫星是由粒子和气体的单一吸积盘形成的，卫星的轨道运动将与行星的旋转方向相匹配。逆行卫星只能起源于其他地方。逆行卫星的发现为"捕获假说"提供了可信度，即月球是在太阳系的其他地方独立形成的，在遥远的过去，某段时期它离地球足够近，从而被地球捕获。

人们希望"阿波罗"计划能解决月球的起源问题，但采样返回的样本揭示了复杂的矿物学、地质学过去活动的结果，以及由陨石撞击造成的物质重排。但在某些极端情况下，陨石撞击大量地重塑与混合了月球表层地壳和底层地幔物质。事实上，关于月球起源的争论可能永远找不到一个明确的结果。近年来，对"阿波罗"采样返回的样本的分析和对表面的遥感测绘产生了一种新的理论，该理论融合了先前讨论的假设。"星子撞击假说"是假设一个火星大小的物体可能撞击了原始地球，分裂出了大量的物质("裂变假说"),然后凝聚到轨道中("共同吸积假说"),并吸收了大量撞击物留下的物质("捕获假说")。尽管真正的起源可能更加复杂和动态,但"星子撞击假说"确实解决了动力学、化学和地球物理学中与个别经典假说相冲突的难题,如图 2.1 所示。它解释了月球相对缺乏铁的原因,因为撞击物富含铁的核心可能已经与地球的核心合并。它还解释了月球轨道平面的倾斜,以及撞击物以一定角度撞击地球并增加了其角动量,导致地月系统拥有更大的角动量。

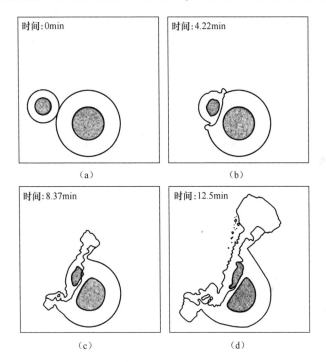

图 2.1　计算机模拟显示了火星大小的行星与
原始地球之间的碰撞过程(假设碰撞的持续时间为 12.5min)

注:每颗行星中心的虚线圆圈代表它们的金属核心,周围是硅酸盐地幔。在这个假设中,(b)中显示的硅酸盐物质喷流将成为月球的一大部分。两个天体的金属部分将在地球内部会合。月球最终只有很少或没有金属核心。这符合目前对我们的天然卫星月球的认识(图片来源:Figure 2.1)。

2.3　月球地形基础

尽管已经有很多文献详细地描述了月球上的每一个特征,但肉眼可以分辨出月球上最突出的三个区域是盆地、月海和高地。

在月球形成的早期阶段,吸积过程释放的热量将月球外表面变成了一个200~400km深的全球性岩浆海洋。当它冷却时,会凝固成一个厚的、坚硬的、不动的月壳,后来由于火山及撞击活动,以及较小程度上的潮汐力而发生了改变。

盆地是月球上最显著的单一特征,通常包括至少一圈山脉。只有大质量小行星的撞击才具有足够的动能,使月壳发生如此巨大的变形。盆地与撞击坑的不同之处在于坑的规模。撞击坑是任意大小的,但直径超过300km的撞击坑通常称为盆地。最突出的是东方盆地(Orientale Basin)、雨海盆地(Imbrium Basin)和南极-艾特肯盆地(South Pole-Aitken Basin)。

月球上有大片的黑暗区域,意大利文艺复兴时期的天文学家伽利略·伽利莱(Galileo Galilei)将其称为"月海"(Mare),这是拉丁语中"海"的意思[a]。我们现在知道月球上没有水。尽管"盆地"和"月海"这两个术语经常被互换使用,但它们实际上是两个截然不同的地质特征。盆地是撞击的结果,但月海是火山活动的结果。盆地一旦形成,熔岩就会从月面的深裂缝中涌出,填满凹坑,形成相对平坦的月海平原。但不是所有的盆地都充满了熔岩,在月球背面的东方盆地的表面就暴露在外。事实上,月球背面只有几个盆地被填满了熔岩[b]。对于充满熔岩的盆地,它们的月海与盆地同名。因此,雨海位于雨海盆地内(如图2.2和图2.3所示)。遥感地质学和光谱分析学表明,在许多种情况下,月海是长时间内多次熔岩喷出的结果,月球正面近17%的表面面积被熔岩覆盖。另有13%的熔岩被附近地区的撞击喷出物掩盖,这些被覆盖的月海称为"隐藏的月海"。

月海物质起源于月幔。尽管岩浆海已经冷却形成了固体月壳,但铀和钍等放射性物质的衰变引起的内部加热导致了月幔的局部熔融。这些熔岩通过裂隙网络涌出后倾泻到月表。在真空情况下,熔岩迅速结晶。然而,与地球上的大多数熔岩相比,它们的铁含量更高,铝和硅含量更低。由于它们具有低黏度(意味着它们是相对流体的),可以在固化之前覆盖很大面积。"阿波罗"任务的航天员带回的一些样本也揭示了火山碎屑沉积物(即人们通常说的火山灰)的存在。这是由

---

a Mare 的复数形式是 Maria(海)。
b 很可能是月壳较厚的原因。

图 2.2 "阿波罗"17 号载人飞船航天员看到的"阿波罗"11 号任务着陆区的宁静之海(静海)

注:显而易见的是,月海特有的平坦偶尔会被陨石坑打断(图片来源:Figure 2.2)。

岩浆中的气体造成的。当熔岩通过裂缝上升到月表时,减压的气体膨胀形成了爆炸性的液体喷泉。慢慢冷却的熔岩会形成晶体,而瞬间冻结的熔岩则会形成玻璃,喷泉喷出玻璃珠。在月球的低重力环境下,这些玻璃珠能够滚动到离火山口相当远的地方。在模拟月球火山活动的仿真模型中,为了允许产生可观测到的熔岩流,至少需要 1m/s 的高喷发速率,因此裂缝的宽度不能超过 10m。这并不是说火山活动是在盆地形成之后立即发生的。有证据表明,雨海盆地形成于大约 39 亿年前,但在现在形成雨海的物质喷发之前,有大约 6 亿年的断档期。

一般来说,月海物质是地质学家所说的部分熔体,由那些在月幔压力下最容易熔化的矿物组成。因此,部分熔体的成分与来自月幔的成分并不同。然

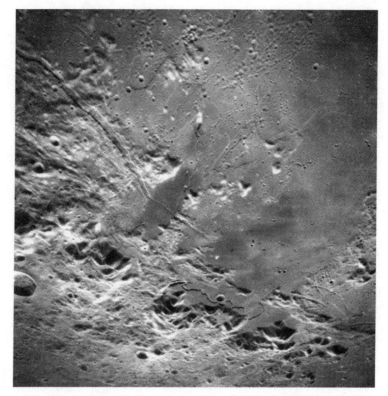

图 2.3 "阿波罗"15 号载人飞船航天员看到的亚平宁山脉
（蒙特斯阿平宁努斯，Montes Apenninus）地区

注：雨海是从图像中心向左上方延伸的平面。沼泽地平原和高地的崎岖地形之间的区别是显而易见的（图片来源：Figure2.3）。

而，它与残留的未熔融月幔物质在化学上是互补的。因此，基于部分熔融组分并应用涉及部分熔融平衡的热力学原理可以计算出月幔的成分。月海的矿物学成分主要由镁（Mg）、铁（Fe）、硅（Si）、钙（Ca）、铝（Al）和钛（Ti）组成。换句话说，它们是玄武岩。月海通常根据其钛含量进行分类，钛主要包含在一种由铁、钛和氧构成的矿物化合物中，被称为钛铁矿（$FeTiO_3$）。

高地地区很容易被误认为是山脉，但由于没有像地球上占主导地位的活跃板块构造，高地代表了月球表面那些没有遭受过形成盆地规模的撞击影响的地区。高原地区的海拔比最深盆地的底部高出 16km。与盆地相邻的山脉是月壳变形的直接结果,以适应盆地形成时产生的应力变形。与地球山脉不同的是,地球山脉是在相当长的一段时间内被构造力推起,而与月球盆地相关的山脉环基本上是瞬间形成的。

2.4 月球岩石学

月球表面所有的岩石都是火成岩,是熔融物质(岩浆)冷却形成的,形成了由矿物和玻璃组成的岩石。

月海富含玄武岩类型的岩石,还有火山灰,但高地富含斜长岩,主要是由斜长石组成。这是一种类型的矿物,主要特征在于包含在硅体系中的钠(Na)、铝(Al)、钙(Ca)和氧(O)的固溶体[a]。除斜长石外,一些高地岩石还含有不同数量的辉石和橄榄石。为易于理解复杂的岩石学解释,可简单地认为这是两组硅酸盐矿物的总称,这两组硅酸盐矿物与钙、铁、镁和铝等主要元素形成了大量的固溶体。需特别指出的是,辉石(Pyroxenes)是镁、铁或钙的每个原子具有一个硅原子的硅酸盐。橄榄石(Olivines)是硅酸盐,每个硅原子有两个铁或镁原子。这些元素的多种排列方式构成了复杂的矿物家族,每一种都有自己的化学和物理特性。

无论在月球的何处,月表都覆盖着一层厚达数米的复杂风化层。风化层为"碎屑和松散的岩石材料,无论是残留的还是迁移来的,具有多样性的特质,在月球表面上几乎到处都形成风化层,并遮盖或覆盖在基岩上"。简单地说,可以把风化层想象成月球的土壤。然而,地球风化层与月球上的风化层之间存在显著差异。地球风化层是与氧化、风化、人类活动和自然活动有关的过程综合作用的结果。在没有空气的月球上,风化层是数十亿年来小行星和流星体撞击以及无数次基岩破裂、粉碎、熔化、混合和碎片扩散叠加作用的结果。在作用刚开始的时候,无论何种尺寸的撞击物的何种撞击行为,都能摧毁基岩,暴露出新鲜

---

[a] 固溶体是指分散在溶剂(能够溶解溶质的物质)的晶体结构中的一种或多种物质(命名为溶质)的固体均质混合物。

知识链接：

① 撞击园艺，是指撞击事件搅动月球和其他没有大气层的天体的最外壳的过程。月球没有大气层，通常也没有任何侵蚀过程，因此撞击碎片积聚在表面，形成粗糙的"土壤"，也称风化层。随后的撞击，尤其是微陨石的撞击，会搅动和混合这些月壤。长期以来，人们认为月表最上层每1000万年会被翻转一次。然而美国月球勘探者轨道器（LRO）2016年对撞击抛射物覆盖范围的分析表明，这个数字可能是8万年。需注意的是，由陨石和太阳风撞击形成的风化层并不是月球所特有的，它发生在任何没有大气的天体，如小行星上。

② 月球角砾岩是由来自古老岩石的物质组成的岩石，这些岩石被流星体撞击分解或熔化。这些物质可以矿物和岩屑（岩石）碎片，结晶冲击熔体，或玻璃质冲击熔体的形式存在。大的碎片称为碎屑，结合碎屑的物质称为基质。角砾岩在与流星体撞击相关的高温和冲击作用下被岩化（转化为固体岩石）。大多数角砾岩是多矿物碎屑（polymict），它们含有许多不同的古老岩石的碎片。有些是二矿物碎屑（dimict）的，它们只包含两种来源的材料。单矿物碎屑（monomict）角砾岩是来自单一前驱火成岩的再岩化碎片。

③ 角砾岩在快速冷却过程中产生玻璃质基质，因此无法建立角砾岩成分的明确空间高度有序排列。如果有足够的时间，这些成分就有机会形成一种有组织的结构，称为晶体。

的地壳物质，并作为下次撞击的目标，这使得风化层的厚度迅速增加；但随着时间的推移，只有较大的（和较不频繁的）冲击才能穿透风化层并撞击到下面的基岩，从而进一步增加风化层的厚度。较小（但更频繁）冲击只会重新排列风化层，在一个名为"撞击园艺（impact gardening）"①的过程中巩固和压缩它，这一过程将持续到整个月球存续期。根据建模和仿真分析的结果，月球上古代高地地区的风化层厚度约为10~20m，而月海地区的风化层厚度仅为4~5m。

月球风化层的显著特征是含有一种名为角砾岩（breccia）②的岩石。在撞击之后，碰撞释放的高温将破碎的月球基岩、撞击熔化的岩石凝块和玻璃碎片熔化在一起。正是这个原因，它们被称为多矿物角砾岩（polymict breccias）。角砾岩的特征是细粒物质的玻璃状或结晶状空间排列取决于允许熔融体冷却的时间，这些细粒物质穿透较大碎片留下的空隙③。它们的成分要么与撞击发生地区的土壤相似，要么是土壤与撞击物的混合物。鉴于月球在很长一段时间内曾遭受了严重的流星体轰击，绝大多数角砾岩都包含了前几代角砾岩的痕迹。更难找到的是含有单一类型岩石物质的单矿物角砾岩（monomict breccias）。换句话说，是指高度粉碎的单一月球基岩类型的样本在大规模撞击中幸存下来，没有污染、混合或其他显著的化学变化。正是这个原因，单矿物角砾岩是月球地壳组成的重要样本。

月球风化层的另一个重要组成部分是由亚厘米尺度的颗粒组成月壤。尽管"月球风化层"和"月壤"这两个术语被广泛地互换使用，但月壤是月球风化层的组成部分。月球风化层还含有较大的颗粒,如角砾岩,其大小从鹅卵石到大岩石不等。然后,月球"撞击园艺"过程将所有东西压缩在一起。事实上,虽然最上面的几厘米是粉末状的(在"阿波罗"航天员的靴印照片中很容易辨别,如图 2.4 所示),但在 30cm 的深度处,月球风化层是高度压缩的。事实上,分析"阿波罗"航天员采样返回的样本显示,月壤是构成月球风化层的主体,由五种不同的颗粒类型组成:矿物碎片、原始结晶岩碎片、角砾岩碎片、各种类型的玻璃和胶结物。凝集物是撞击过程的另一产物,也称为熔融土(fused soil)。胶结物是细小土壤颗粒的集合体,如灰尘颗粒、玻璃甚至其他胶结物,它们被撞击过程中熔化的基岩中的二氧化硅黏结在一起。由于熔融体在空间真空中的快速冷却,凝集物通常具有无定形玻璃态结构。平均而言,25%~30%的月壤是

图 2.4 "阿波罗"17 号的月球漫步者哈里森·施密特(Harrison Schmitt)正在采集月球样本
注:刚开始是一套完美无瑕的白色太空服,现在几乎完全被黑色的月壤所覆盖(图片来源:Figure 2.4)。

胶结物,但根据位置的不同,它可以低至 5%~65%。因为即使是最微小的微陨星撞击也会不断形成凝集物,它们的丰度会随着时间的推移而增加。

2.5 月球资源

图 2.5 总结了我们可以合理预期从月球表面可获得的各种元素,这是从多

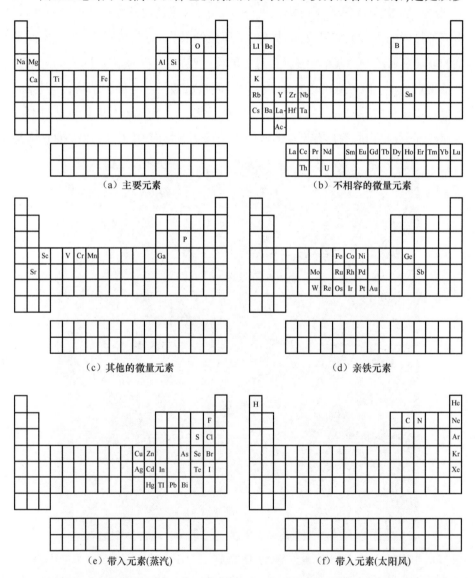

图 2.5 使用元素周期表展示了月球表面可获得的各类元素(图片来源:Figure 2.5)。

年的无人探测器遥感和实地原位探测,以及对"阿波罗"任务的航天员收集的岩石样本进行详尽分析的结果。

构成月球物质主体的元素称为主要元素,分别是氧(O)、钠(Na)、镁(Mg)、铝(Al)、硅(Si)、钙(Ca)、钛(Ti)和铁(Fe)。就其质量百分比而言,氧为45%,硅为21%,铝为13%(尽管在月海中仅为5%),钙为1%(月海中为8%),铁为6%(月海中高达15%)以及镁为5.5%。在高地,钛和钠各为1%,但钛平均质量百分比超过1%,在月海可能高达5%。尽管月球上完全没有大气,但全月球主要元素中最丰富的是氧元素。这是因为氧被困在与其他主要元素组成的矿物中,氧与这些元素进行了化学反应。然而,这种含氧化合物并不是简单的氧化物,更确切地说,它们是硅酸盐、氧化物,甚至是撞击基岩时产生的玻璃质精细混合物。高地和月海岩石中都含有斜长石,斜长石是一种固溶体,主要由钙长石($CaAl_2Si_2O_8$)和钠长石($NaAlSi_3O_8$)两种组分组成,前者占主导地位。正如其化学式所示,斜长石几乎是月壳中所有铝的来源。高地中斜长石的比例大于月海中斜长石的比例,这与在轨遥感卫星在高地中探测到的铝质量百分比较高,以及在对此类样品的分析中观测到的铝质量百分比较高的结果相一致。白色斜长石比例较高,也有助于解释高地呈现出浅色(与较暗的月海相比)。月海的主要矿物是辉石和橄榄石。辉石有高钙和低钙两种常见类型,均为$Ca_2Si_2O_6$、$Mg_2Si_2O_6$和$Fe_2Si_2O_6$的固溶体;橄榄石是Mg_2SiO_4和Fe_2SiO_4的固溶体。通过观测人们发现月海富含钛铁矿($FeTiO_3$),这是钛和铁元素的载体;此外,月海还有其他与钛有关的矿物。

正如本章开头所讨论的,几乎可以肯定的是,任何月球资源的大量的原材料都将是岩石、矿物和玻璃的复杂混合物。事实上,"阿波罗"载人飞船航天员和苏联"月球"16号、"月球"20号和"月球"24号无人着陆器收集的大部分样品都是这种多金属混合物。

图2.5给出了定义为"不相容微量元素"的子集,通常不将其放在由主要元素组成的晶格结构表中。微量元素的特定丰度被称为克里普(KREEP,是代表富含磷酸盐(phosphate,K)、稀土元素(rare earth element,REE)和磷(Phosphorus,P)的化合物的特殊化学成分的首字母缩略词)。一般来说,当岩浆

海开始冷却，主要元素开始结晶时，就会出现富集不相容微量元素。待岩浆中轻的元素上升到地表，最终形成月壳（现在以高地为代表）。随着时间的推移及岩浆的冷却，不相容物质在剩余的岩浆中变得更加集中。最终，当熔岩倾泻到盆地的底部时，它们出现了。事实上，1998-1999 年期间，月球勘探者（Lunar Prospector）轨道器对月球地壳进行的光谱调查显示，富含克里普岩的主要矿储区在海神（Oceanus Procellarum）和雨海（Mare Imbrium）地区。此外，富含克里普岩也显示出铀和钍的丰度，因为这些元素可以很好地与稀土元素一起迁移。

尽管没有大气层，月球表面一些区域仍被证明含有水冰①。这些地方位于月球极地地区，永远处于阴影中，从不暴露在阳光下，因此非常寒冷。水可能是由彗星和富含水合物的小行星带来的，以及由太阳风中的氢与氧结合产生的。许多水分子会逃逸到太空，但也有一些会向极地迁移，并被困在永久阴影区（permanently shadowed regions，PSR）。在永久阴影区之外的水合矿物中，也发现了在此晶格内存在的水。

2.6　小行星：太阳系的害虫

1801 年 1 月 1 日，意大利天主教神父、数学家和天文学家朱塞佩·皮亚齐（Giuseppe Piazzi）在西西里岛巴勒莫（Palermo）通过望远镜的取景器观察太空时，发现了一个与木星颜色相同的微弱天体。尽管皮亚齐关心的是如何编制一份新的星表，但在接下来的几个晚上的反复观测表明，这个微弱的光点正在以恒定的速率在太空中移动。虽然皮亚齐最初认为它是一颗彗星，但它没有表现出任何彗星

> **知识链接：**
>
> ① 迄今为止，月球上并没有直接发现游离的液态水或冰，甚至没有发现主要成分是羟基的矿物，无论是遥感还是原位探测，月球上的水都是通过水分子和羟基（OH^-）的红外信号，折算出来的含水量。这些"水"很可能是月球矿物晶格内的结晶水或结构水，想把这部分"水"从化学键中拆解出来进行资源利用，总体来看难度较大且开发利用价值有限。此外，中国"嫦娥五号"软着陆对月壤进行了原位探测，估算出月壤含水量为 120×10^{-6}，月岩含水量约为 180×10^{-6}，这算是人类首次通过原位探测证明月球含有水。月岩 180×10^{-6} 的含水量相当于 1 吨月岩中只有 180 克的水，这点水不要说和大多数地球土壤相比，即使和地球上干燥的沙漠相比，都少得可怜。沙漠中沙子的含水量每吨一般在 2 公斤到十几公斤，但月岩中的水还不如沙漠含水量的 1/10。

行为，并保持缓慢的匀速运动，很快让他意识到这其实是一颗行星。事实上，多亏了德国数学家和物理学家卡尔·弗里德里希·高斯（Carl Friedrich Gauss），人们很快就发现它的轨道位于火星和木星之间。这支持了提丢斯-彼德定律（Titius-Bode rule），根据该定律，从太阳向外延伸，每个行星间的距离大约是其与前续行星的2倍①。最终皮亚齐的发现以罗马女神——谷神星（Ceres）命名。

1802年，在火星和木星之间的轨道上又发现了第二个天体，这颗名为帕拉斯（Pallas）的天体是汉诺威出生的英国作曲家和天文学家弗雷德里克·威廉·赫谢尔（Frederick William Hershel）发现的，他于1781年发现了天王星（Uranus），他认为这类天体的通称是"小行星"（源自希腊语asteroeides，意为"星状"）。这是因为所有已知的行星都显示出一个圆盘，而这些新的天体即使在最强大的望远镜中也显示为点，就像恒星一样。到1850年，这个词已经成为这类天体的标签，人们发现它们的数量惊人②。在位于史密森天体物理天文台（Smithsonian Astrophysical Observatory）的小行星中心，有全世界关于小行星和太阳系其他小天体的数据库，根据该中心的报告，截止到撰写本书时（2019年夏季），已对约794000颗小行星进行了编目。当你阅读到这一页的时候，查阅该中心的数据你会发现更多③。小行星被嘲笑为"太空中的害虫"，因为它们会干扰到天文观测。在火星和木星之间以日心距离运行的范围2.1~3.3天文单位（astronomical units，AU）④，有众多的小行星构成"小行星带"。它有时被称为"主小行星带"，或简称

> **知识链接：**
>
> ① 提丢斯-彼德定律是以天文学家约翰·丹尼尔·提丢斯（Johann Daniel Titius）和约翰·埃勒特·彼德（Johann Elert Bode）的名字命名的假说，在未能预测海王星的轨道后，很快就不再被考虑，并被更科学可信的太阳系形成理论所取代。
>
> ② 随着2006年8月24日国际天文学联合会通过行星的新定义，谷神星已成为一颗矮行星。然而，它与小行星带的联系仍然存在。
>
> ③ 小行星被发现的速度之快令人惊讶，可通过小行星核查中心网址查询小行星。
>
> ④ 天文单位（AU）是测量太阳系内距离的尺度。根据2012年8月31日国际天文学联合会第28届大会通过的一项决议，一个天文单位正好是149597870700m，约合1.5亿km。

为"主带",以区别于其他小行星群。

在1898年8月13日,天文学家发现了433号爱神星(Eros),这是一颗约17km长的小行星,其近日点(离太阳最近的点)和远日点(离太阳最远的点)分别为1.1334AU和1.7825AU。在地球和火星之间的天域运行,爱神星不是小行星带的成员。我们现在知道有数千颗小行星,其运行轨道表明它们是不同小行星群的成员。由于媒体报道覆盖率和科学意识的增加,其中最著名的是近地小行星(Near-Earth Asteroid,NEA),甚至对普通公众来说也是如此。正如它们的名字所暗示的,其主要特征是它们的轨道接近地球。根据近地小行星相对于地球轨道的大小和位置,近地小行星又可分为四种类型,如图2.6所示。

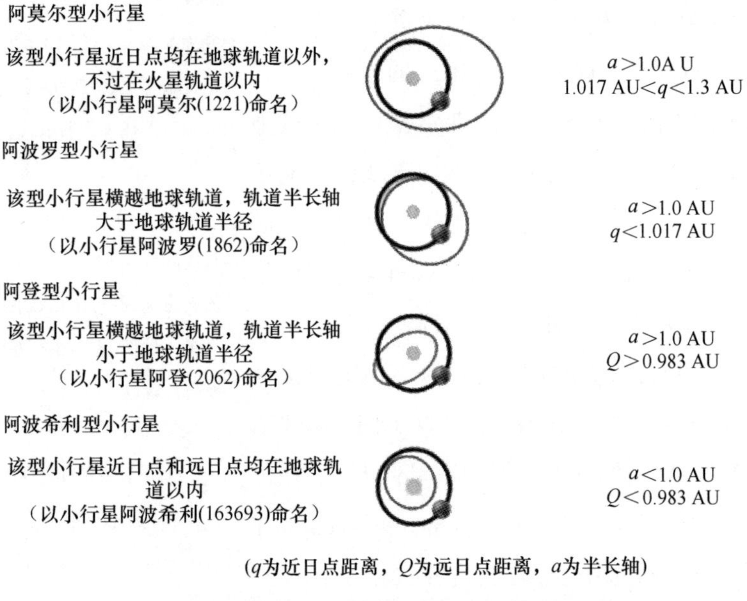

阿莫尔型小行星
该型小行星近日点均在地球轨道以外,不过在火星轨道以内
(以小行星阿莫尔(1221)命名)

$a>1.0$ AU
1.017 AU$<q<1.3$ AU

阿波罗型小行星
该型小行星横越地球轨道,轨道半长轴大于地球轨道半径
(以小行星阿波罗(1862)命名)

$a>1.0$ AU
$q<1.017$ AU

阿登型小行星
该型小行星横越地球轨道,轨道半长轴小于地球轨道半径
(以小行星阿登(2062)命名)

$a>1.0$ AU
$Q>0.983$ AU

阿波希利型小行星
该型小行星近日点和远日点均在地球轨道以内
(以小行星阿波希利(163693)命名)

$a<1.0$ AU
$Q<0.983$ AU

(q为近日点距离,Q为远日点距离,a为半长轴)

图2.6 四种近地小行星类型(图片来源 Figure2.6)

对太阳系的动力学建模模拟分析表明,近地小行星家族成员的平均生命周期约为3000万年,相对于太阳已经45亿年的生命来说这是相当短暂的。由于与内太阳系[a]中的行星发生碰撞的可能性很高,或者引力扰动导致这些近地小行星常被抛出太阳系。事实上,NEA的数量很大,这意味着它必须在持续的

---

[a] 内太阳系的行星也包括地球。这就是我们不应该低估存在其中一颗小行星撞击我们家园可能性的原因。事实上,它可以在没有灾难性后果的情况下频繁发生,真正大规模的撞击人口稠密地区只是时间问题。

基础上得到补充。小行星主带已被证明就是这样一个"储库",其中木星的引力发挥了积极的作用。

1957年,美国天文学家丹尼尔·柯克伍德(Daniel Kirkwood)发现,根据小行星的轨道周期(或平均日心距离)绘制的图显示,在主带中存在多个轨道周期"间隙",没有对应的小行星存在,这些"间隙"被称为柯克伍德间隙,如图2.7所示。对这些"间隙"的分析证实,这些轨道周期与木星轨道周期存在共振关系。例如,3∶1的柯克伍德间隙处的小行星每环绕太阳运行三圈,木星就绕太阳运行一圈,呈现共振关系。任何一颗进入这些间隙的小行星,在每次周期性地靠近木星时,都会受到连续的来自同一方向的引力扰动。随着时间的推移,这将彻底改变小行星的轨道。它可能被抛出太阳系,转向与太阳或木星本身发生碰撞的轨道,或者成为运行在内太阳系稳定轨道上的近地小行星家族的一员。

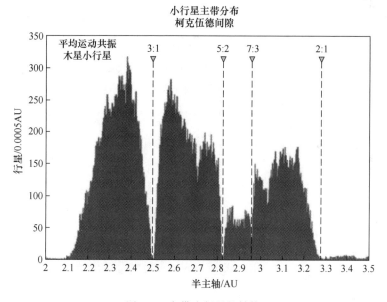

图2.7 主带小行星的结构

注:柯克伍德间隙由陡峭的山谷代表,没有对应的小行星。突出了与木星轨道周期的共振。这些区域是近地小行星家族不断补充的原因(图片来源:Figure 2.7)。

主带小行星可以通过以下方式进入柯克伍德间隙。

（1）与另一颗小行星碰撞；

（2）太阳辐射压力作用于小行星表面，被称为坡印廷-罗伯逊效应（Poynting-Robertson effect）[①]；

（3）小行星表面的热辐射，被称为雅科夫斯基效应（Yarkovsky effect）[②]。

简单地说，小行星是形成行星的动力学过程的残余。在太阳这颗年轻的恒星开始燃烧之后，围绕着恒星的尘埃和气体云开始了一个新的吸积过程，在这个过程中，纳米级的尘埃颗粒会聚集成更大的团块。在变成公里大小时，这些"星子"（Planetesimals）"可以通过引力吸积和碰撞相互作用，结果是失控性的增长，产生了数百公里大小的原行星（Proto-planets）。随着吸积过程的继续，许多物质被吸收到行星体中，由于与成长中的行星的相互作用，其中一些被抛出太阳系或掉进太阳。其余的仍在太阳系广阔的轨道上运行。

除了主带小行星和近地小行星外，太阳系形成初期的剩余物质还包括海王星外天体（Trans Neptune objects，TNO），它们被分为柯伊伯带天体（Kuiper Belt objects，KBO）和离散盘天体（scattered disk objects，SDO）两类。KBO 是平均日心距离在 30~55AU 范围内的天体，它们往往处于几乎圆形的低倾角轨道，可能与海王星共振，也可能不与海王星共振。这一类中最著名的成员是冥王星（Pluto）。SDO 在更远的地方，它们沿着非常偏心和倾斜的轨道运行，不会与海王星产生任何共振。

知识链接：

① 坡印廷-罗伯逊效应是指光压使尘粒沿螺旋轨道缓慢落入太阳的一种效应。它起因于质点对辐射的吸收和发射。1903 年坡印廷在讨论物体在辐射场中的运动时最先指出这种效应的存在，1937 年罗伯逊用相对论导出并改进此效应的理论，因而得名。例如，小行星区 1mm 大小的尘粒在 6000 万年后都落到太阳上。太阳风等离子流对尘粒也有类似效应。坡印廷-罗伯逊效应在研究太阳系演化中有重要作用，也用于解释彗星和恒星的有关现象问题，但在大尺度星际云或星系演化中这种效应的影响可忽略不计。

② 雅科夫斯基效应是指当小行星吸收阳光和释放热量时，对小行星产生的微小推动力。准确来说，是一个旋转物体由于受到在太空中的带有动量的热量光子的各向异性放射而产生的力。

太阳系的边界外边是球形的奥尔特星云(Oortcloud),以荷兰天文学家扬·奥尔特(Jan Oort)的名字命名,这是一个散布广泛的天体群,具有很高的偏心率和随机倾角。它的起点远远超出了TNO,并可能向外延伸数光年。长周期彗星被认为起源于这个天域。

特洛伊小行星(Trojan asterodis)是由两个小天体群组成的,它们在与木星相同的轨道上运行,但占据了位于木星前后60°的拉格朗日点[a]区域。事实上,这是一种常见的安排,天王星和海王星也都有自己的特洛伊小天体群。

此外,半人马座(Centaur)小行星与近地小行星的相似之处在于,它们的轨道与外太阳系的一颗或多颗行星的轨道相交。

2.7 陨石基础

如果你在南极洲的冰雪表面或沙漠的沙地上行走,会发现一块通常是深色的岩石,显然它不属于那里,那么你很可能发现了一颗来自太空的陨石。

你可能已经熟悉了这个术语,你也可能熟悉流星(meteor)和流星体(meteoroid)这两个词,但在继续本节介绍前,我们应该先澄清这些术语,因为它们经常被错误地使用,好像它们是可以互换似的。

简单地说,流星体是一种"太空岩石",大小从尘埃颗粒到小行星不等。它们可能源于小行星之间的碰撞,也可能源于小行星与行星及其卫星的撞击,或者源于彗星经过太阳附近。如果一块太空岩石被地球或任何其他有浓厚大气层的天体捕获,进入大气层时产生的高超音速将产生相当大的空气动力学摩擦作用,从而将动能转换为辐射热能。在与大气层中气体的化学相互作用与流星体物质的消融有关,其结果是天空中出现一道光,通常持续几分之一秒,这就是流星。其他常用的名字是"射星(shooting stars)"或"陨星(falling stars)"。根据太空岩石的大小、力学性质和成分,它的一部分可能在大气层燃烧后幸存下来并坠落到地面,也许会撞击出一个深坑,损坏财产,甚至伤害人畜[b],在撞击点发

---

a 以法国数学家约瑟夫-路易斯·拉格朗日(Joseph-Louis Lagrange)的名字命名。拉格朗日点是指空间中的一个位置,在该区域内两个大天体(如地球和月球)的引力处于平衡状态,因此第三个较小的天体(如航天器)将相对于两个较大的天体保持相同的位置上。由于几何上的考虑,任何两个大天体系统都可由五个拉格朗日点表征。

b 唯一有记录的陨石击中人的例子是安·霍奇斯(Ann Hodges),1954年11月30日,一颗质量为9磅重(1磅=0.45千克)的陨石从她家的天花板上坠落,给她造成了很深的瘀伤。

现的任何太空岩石碎片都是陨石。如果一颗异常巨大的太空岩石,如小行星或彗核,穿透大气层,巨大的质量就会产生一颗明亮的流星,称为火球(fireball)。根据美国流星协会(American Meteor Society, AMS)的说法,火球是指在早晨或傍晚的天空中,亮度至少达到金星亮度的流星,即指非常明亮。

如果流星体在进入大气层的过程中发生一次或多次爆炸,每一次爆炸都会以比火球亮得多的闪光形式出现,并产生音爆,可能足以对财产和人员造成严重损害。在这种爆炸事件中发出的光被称为火流星(bolide,来自希腊语'bolis',意思是飞弹或闪光)。2013年2月15日,一颗直径约20m的近地小行星进入俄罗斯上空的大气层,并在车里雅宾斯克(Chelyabinsk)地区上空爆炸,由此产生的车里雅宾斯克流星受到了媒体的极大关注。另一个著名的火流星事件发生在1908年6月30日上午,地点在俄罗斯西伯利亚东部的通古斯卡河附近。由此产生的冲击波夷平了约2000km^{2}的针叶林,摧毁了数千棵树木。令人惊讶的是,没有人员伤亡的记录。目前还不清楚这个物体是什么,流星体的大小估计在直径为60~190m,这取决于它是彗核还是致密小行星。

陨石学家(专业研究陨石的学者)对数以万计的陨石进行了分析,根据其主要成分可分为三大家族,即石陨石(也称为石头,stony meteorites)、石铁陨石(stony-iron meteorites)和铁陨石(iron meteorites),如图2.8所示①。一般来说,它们主要表现为硅酸盐、金属和硫化物的复杂混合物。根据这种混合物的特

知识链接:

① 根据是否发生过化学分异,陨石可分为未分异(ondifferentiated)陨石和分异(differentiated)陨石,无球粒陨石、石铁陨石和铁陨石统称为分异陨石,而球粒陨石被称为未分异陨石。

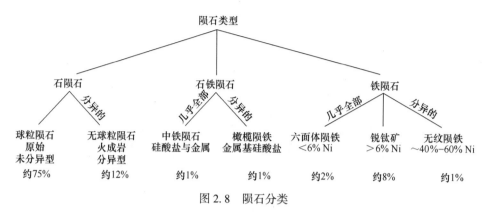

图 2.8　陨石分类

注：百分比值显示了哪些陨石样本更常被发现，哪些更罕见（图片来源：Figure 2.8）。

性，石陨石又分为球粒陨石和无球粒陨石。

球粒陨石也称为原始陨石，用显微镜对其内部结构进行的观测并没有显示出沉积的迹象。它们的母体材料从未经受足以触发基于重力的分离过程的熔化和加热。更确切地说，母体物质是由引力吸引物质的简单吸积物形成的，即未分异陨石。这意味着这种陨石的成分(以及它们的母体)是无差别的，无论在哪个采样点，它们的整体成分都是相同的。此外，它们是太阳系中古老的物质样本之一，并且由于没有沉积作用，它们的成分密切反映了陨石形成时太阳系的初始成分。大多数原始的石陨石都携带直径可达1cm 的玻璃状球体，称为球粒，源自希腊语"球粒"(Chondros)，意为颗粒或种子①。

如图 2.9 所示，球粒陨石分为碳质(C)球粒陨石(carbonaceous chondrites，即 C chondrites)、普通(OC)球粒陨石(ordinary chondrites)和顽辉石球粒(E)陨石(enstatite chondrites)。碳质球粒陨石富含挥发物，因此是唯一一种与太阳元素组成非常接近的陨石。

知识链接：

① 普通球粒陨石根据铁含量、橄榄石、辉石的成分不同，又可以分为三个：化学群：H 群(高铁)、L 群(低铁)和 LL 群(低铁低金属)。

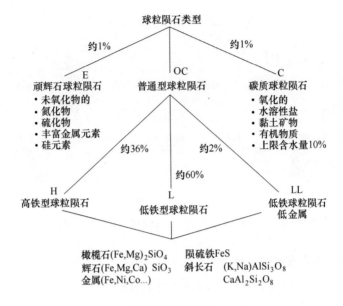

图 2.9 球粒陨石分类,很容易看出球粒陨石具有广泛的成分多样性(图片来源:Figure 2.9)

这是因为太阳和这些陨石的母体物质均起源于星际空间中的单一气体和尘埃云。所有碳质球粒陨石共有的特征包括高含量的碳和有机物质,加上矿物相被高度氧化的事实。

碳质球粒陨石的分类基于 8 个化学群,每个群都以最接近该组第一个代表性样品的发现位置命名。根据最原始的(也就是说,最富含挥发物,因此与太阳的成分最相似)排序,有 CI(以坦桑尼亚的伊武纳 Ivuna 命名)[①]、CM(以乌克兰的 Mighei 命名)、CV(以意大利的 Vigano 命名)、CO(以法国的 Ornans 命名)、CK(以澳大利亚的 Karoonda 命名)、CB(以澳大利亚的 Bencubbin 命名)、CR(以意大利的 Renazzo 命名)和 CH(其中 H 是指特别高含量的铁和金属铁)。一般来说,碳质球粒陨石涵盖了矿物学、母体和属性的大部分内容。由于碳质球粒陨

知识链接:

① CI 型碳质球粒陨石更能代表太阳系中最原始的物质,其非挥发性元素的含量被用来代表太阳的元素丰度。

石具有特殊的成分，许多碳质陨石与这些群体中的任何一个都没有联系。

最常见的球粒陨石是普通球粒陨石(OC)，它们表现出一致的矿物学特征，主要是橄榄石、辉石、陨硫铁(FeS)、斜长石和铁镍合金形式的金属。OC缩写没有任何分类学意义，它只是一个方便的标签。事实上，区分这类陨石中不同组的参数是总铁丰度，表示为铁硅比(Fe∶Si)。在此基础上，初步确定了高铁(H)类和低铁类(L)。随后，显示更低铁硅比的第三类被识别并标记为低铁低金属类(LL)。

球粒陨石的顽辉石亚群以化学还原的极端状态为特征，其证据是存在远低于1%的氧化铁。在普通的情况下，根据它们的总含铁量将它们分为两类。

球粒的浓度在球粒陨石的不同类群中各不相同，一些石质陨石中完全没有球粒，这一类称为无球粒陨石。球粒的缺乏表明，它们起源于一种经历了分异的物质，在那里金属和硫化物从硅酸盐中分离出来。换句话说，它们起源于一个母体，该母体确实经历了熔融岩浆的分馏分异，冷却后产生了地壳和地幔。正是这个原因，无球粒陨石显示出广泛的氧化态，根据这些氧化态确定了几个亚群。

虽然石质陨石的特征是其成分表明它的母体未分异(无球粒陨石除外)，但铁陨石和石铁陨石都来自分异体。铁主要由铁镍合金组成，其中含有各种其他金属。石铁陨石由大致相等比例的金属和石头组成，因此它们看起来像是铁和石质陨石的混合物。有两个亚群，按其内部结构不同可分为中铁陨石(pallasite)[1]和橄榄陨铁(mesosiderite)[2]。

> **知识链接：**
>
> [1] 中铁陨石是石铁陨石中的一个陨石品种，所含的硅酸盐矿物与金属矿物各占50%左右，占陨石发现量的0.4%，是仅次于月球、火星陨石的稀少陨石。中铁陨石由石陨石与铁陨石组成，因此它被归类为石铁陨石。中铁陨石含有50%左右的石陨石主要矿物，如橄榄石、斜方辉石等，也含有50%左右的铁陨石主要矿物，如铁纹石、镍纹石与陨硫铁。
>
> [2] 橄榄陨铁也称为橄榄石石铁陨石，是指含有5%左右的橄榄石和锥纹石、合纹石、镍纹石和陨硫铁的石铁陨石。包含厘米尺度的橄榄石晶体，一种在铁镍矩阵内的橄榄石成分。粗金属区域在蚀刻后会出现魏德曼花纹，微量的成分有磷铁石、陨硫铁、铬铁矿、辉石、和磷酸盐(白磷钙矿、磷镁钙石、磷镁石和磷钙钠石)。

重要的是,这种分类是基于在穿越大气层时幸存下来的太空岩石。其他类型的陨石可能不会幸存下来。例如,碳质球粒陨石具有较弱的一致性,这使得它在进入大气层后很难完好无损。碳质球粒陨石需要特殊的条件才能在大气中留存下来,因为它们中的大多数最终都会形成火球。尽管收集的陨石中75%都是球粒陨石,但捡到的球粒陨石中只有1%是碳质的。它们极度还原,挥发性元素的丰度低得多(而且没有可检测到的水),富含金属铁镍合金,并含有地球上未知的外来矿物,如硫化钙和硅的氮化物。含有大量金属(如铁)的陨石很容易在进入和着陆后幸存下来。此外,它们可以在地表停留很长时间,以至于风化过程会破坏石质陨石,或者至少使其无法辨认。因此,与石质陨石相比,人们对铁陨石有强烈的偏好。

2.8 陨石与小行星的关系

20世纪70年代初,麻省理工学院(MIT)助理教授托马斯·B.麦考德(Thomas B. McCord)确定,主带中第二大小行星灶神星(Vesta)的光谱与玄武岩无球粒陨石类型的成分几乎完全一致。这一发现使人们认识到陨石可以提供重要的深入了解小行星成分的材料。换句话说,如果给定小行星的光谱分析与现有类型的陨石光谱分析结果相似,那么小行星的成分应该与陨石的成分极度相似。这就是为什么陨石经常被定义为"穷人的太空探测器"——尽管无人探测器只访问和探测了小行星家族中的一小部分,通过收集、分析和编目数以万计的陨石样本,也可对小行星的组成和地质情况有很好的了解。在无法进行原位探测或将样本送回地球的情况下,确定特定小行星成分的唯一方法是分析其表面的反射光。采用从可见光到红外线的光谱分析法,可以提供大量信息,其原理是不同的矿物吸收不同波长的光,产生与特征波长相关吸收特征的反射光谱。小行星的反射光谱可以通过将望远镜观测到的特征,与矿物和陨石的实验室反射光谱的数据库进行比较研究。当然,这是基于接收到多少光,使用相当直观的规则,即表面越亮,接收到的光越多。距离和外形尺寸也决定了有多少光在到达观察者的过程中起作用。

这导致了许多分类系统的定义,目的是理解大量种类和数量的成分光谱,这些光谱是通过对小行星开展大量普查的努力后而确定的。最常用的两种分类是 Tholen 和 SMASS。前者是在 20 世纪 80 年代初由美国天文学家戴维·J. 托伦(David J. Tholen)首次提出的,共提出了 14 种小行星类型。后者创建于 2002 年,提出有 26 个小行星类型。两种分类方式共可分为三大类:①小行星 C 类,与碳质球粒陨石相似的光谱;②小行星 S 类,其成分与石质陨石密切相关;③小行星 X 类,其成分以金属为主。除此之外,还有成分与其他类型完全不同的小行星。

在进行下一步介绍之前,有必要强调的是,小行星的成分远比陨石研究和图像光谱分析得出的结果更复杂。事实上,陨石要到达地球,必须沿着穿越地球的轨道运行。在绝大多数情况下,它们的母体将是近地小行星。因此,这种发现非常偏向于这类小行星而不是主带小行星。反过来,意味着这些陨石大多来自小行星主带中属于柯克伍德间隙的狭窄区域,与木星轨道的共振作用将主带的小行星转移到了内太阳系。

此外,依靠望远镜观测的反射光谱学也只能提供小行星表面的成分数据,而小行星表面成分很可能已被辐射和碰撞过程改变。对月球表面的研究表明,暴露在太空的冲击、热和辐射环境中,可以强烈改变风化层的成分。小行星表面成分可能与其整体成分不匹配。在这方面,对陨石的研究可以提供比小行星表面光谱学更好的理解。事实上,绝大多数陨石已被确认为来自小行星内部,因此没有受到小行星表面发生变化的影响。因此,陨石是一种极好的类似物,其矿物学成分可以用来解释光谱相似的小行星的成分。以这种方式确定小行星的成分,是对从陨石获得的数据进行推断,并对其进行加权,从而解释空间环境产生的影响。

有几种小行星类型值得进一步讨论。例如,C 类显示出与碳质球粒陨石类型有很强的匹配度。如果烘烤 C 类小行星材料,那么平均而言,获取的材料成分将由 92% 的铁、7% 的镍和近 1% 的钴组成。此外还将获得相当数量的铂族金属(Platinum-group metals,PGM)。这些元素在元素周期表中聚集在一起,在从电子到核反应堆的大量技术应用中非常重要。但富矿带并不止于此,还有镁、钙、铝、钠、钾、钛和其他稀有元素的硅酸盐混合物。根据其成分中所含水分的多少,这样一颗小行星可以提供富含钾、钠、卤素和硫酸盐的盐类。M 型小行星高达99%的质量都富含金属,主要是铁镍合金,但也有PGM、碳、氮、硫、磷、锗、镓、砷和锑,以及用于生产半导体的其他元素。E型小行星(属于X类)通常是金属矿物的集合体,如氮化钛、硫化锰、硫化镁、硅化镍、氮氧化硅,甚至硅。

这种成分变化是行星在自然形成过程中发生的动态事件的结果。我们已经看到星子是如何吸积形成原行星的。由于同位素衰变释放的热量,直径数百公里、富含放射性同位素的天体开始燃烧。在引力场作用的影响下,铁和镍等较重的元素会下沉到中心,形成一个被以硅酸盐为基础的地幔包裹的金属核心。由最轻的硅酸盐矿物组成的地幔表面物质进行固化从而形成了地壳。随着时间的推移,这样的原行星会被碰撞,根据撞击物的速度和尺寸,这些碰撞会撞出深部物质,产生我们观察到的各种小行星和陨石类型。例如,高能撞击可以穿透地幔并带走地幔中的物质,从而产生S类小行星。或者它可能导致地幔硅酸盐物质的混合,如无球粒陨石的混合。两个具有相似尺寸的天体之间的超高速碰撞将导致两个天体的灾难性分裂,暴露核心并产生M型小行星。在小行星的整个生命过程中,额外的碰撞会导致在穿透地球大气层时被摧毁,或在地球表面的陨石群中找到。

重要的是,小行星的成分远比迄今为止通过陨石研究和光谱分析得出的结果要复杂得多。只有通过实施对大量小行星的原位探测项目,才能获得足够的数据集,从而准确评估在那里究竟有什么可用的资源。

参考文献

[1] Badescu, V. (2013). *Asteroids. Prospective Energy and Material Resources*. Springer International Publishing.

[2] Crawford, I. (2014). *Lunar Resources: A Review*. [online] Available at: https://arxiv.org/abs/1410.6865 [Accessed 27 Jun. 2019].

[3] Heiken, G., Vaniman, D. and French, B. (1991). *Lunar Sourcebook. A User's Guide to the Moon*. Cambridge University Press.

[4] Lewis, J. (1997). *Mining The Sky. Untold Riches from the Asteroids, Comets, and Planets*. Helix Books.

[5] Lewis, J. (2014). *Asteroid Mining 101. Wealth for the New Space Economy*. Deep Space Industries.

[6] Lewis, J. and Lewis, R. (1987). *Space Resources. Breaking the Bond of Earth*. Columbia University Press.

[7] Schrunk, D., Sharpe, B., Cooper, B. and Thangavelu, M. (2008). *The Moon. Resources, Future Development, and Settlement*. 2nd ed. Praxis Publishing Ltd.

[8] Space Resources. Materials. (1992). SP-509. [online] NASA. Available at: http://www.ntrs.nasa.gov [Accessed 27 Jun. 2019].

图片来源

Figure 2.1: Heiken, G., Vaniman, D. and French, B. (1991). *Lunar Source Book. A User's Guide to the Moon*. Cambridge University Press, p. 38.

Figure 2.2:https://www.lpi.usra.edu/resources/apollo/frame/? AS17-M-1653

Figure 2.3:https://www.lpi.usra.edu/resources/apollo/frame/? AS15-M-1423

Figure 2.4:https://www.flickr.com/photos/nasacommons/9460228740/in/album-72157634974000238/

Figure 2.5: Heiken, G., Vaniman, D. and French, B. (1991). *Lunar Source Book. A User's Guide to the Moon*. Cambridge University Press, p. 383.

Figure 2.6:https://cneos.jpl.nasa.gov/about/neo_groups.html

Figure 2.7:https://ssd.jpl.nasa.gov/? histo_a_ast

Figure 2.8: NASA SP-509 Space resources. Volume 3: Materials. (1992). [pdf] NASA, p81. Available at: http://www.ntrs.gov [Accessed 24 Jul. 2019].

Figure 2.9: NASA SP-509 Space resources. Volume 3: Materials. (1992). [pdf] NASA, p83. Available at: http://www.ntrs.gov [Accessed 24 Jul. 2019].

第 3 章
地外采矿

3.1 采矿基础

在我们利用地外天体资源之前,首先需要开采出它们,然后建设合适的地外基础设施,将它们加工制造成商品。换句话说,需要建立地外采矿能力。

一般来说,采矿项目首先要为一种或多种特定资源确定市场规模,这些资源需能提供可观的经济回报。事实上,对于任何成本高、风险大的项目,都必须提出明确的理由,以吸引投资者,并向利益相关方保证实施该项目的经济合理性,因为就其性质而言,在许多年后这些项目才会开始产生回报。

一旦市场需求得到认可,就可以进入勘探阶段。这将是一个涉及全要素的矿产勘探计划,以掌握感兴趣资源的空间分布、物流、环境污染、当地的社会担忧等问题。大规模的区域和详细的原位调查结果,有助于全面了解未来可能的采矿作业的潜力。在这个阶段,通常采用地球化学和地球物理、航空和卫星遥感、河流沉积物、露天矿分析等研究方法,以及采取有限的岩心钻探等手段,历史研究也可提供有价值的数据。总之,这些办法有助于很好地了解该地区的地质、岩石和矿物、运输、水库、当地劳动力、当地电力供应、设备可用性等需求。

希望在这个过程结束时,能够选出值得进行详细现场评估的一个或多个区域。通常,这需要采用岩心钻探及间隔采样等办法,获得足够多的数据点,输入最先进的专用软件中的数学模型,目标是绘制地表和地下矿石的品位及分布、影响采矿的地质构造、采矿产生的废物量等三维地图。准确性是至关重要的,因为模型是估计采矿带来的盈利能力,确定现场布局和提出物流要求的主要依据。将使用采矿方法和生产计划等参数对矿山的全寿命周期进行模拟,以确定最具成本效益的运营模式。除了确定矿体外,最终计划决定了整个项目,因此必须在矿山的全寿命周期内及时进行更新。最后,详细设计采矿工艺,并确定开采所需的设备。

大多数采矿方法可划分为地表采矿和地下采矿,相关方法的选择基于以下因素,如矿床深度、清除和处置覆盖层的成本、相对于其他用途(如农业)土地的价值等。

从技术角度来看,露天开采比地下开采更简单,可以更早地提供生产力。露天矿通常呈现露天矿坑或露天矿带的外观,并需要从富含矿石的材料上方清除废物覆盖层。通常使用重型设备(如推土机、拉铲挖掘机和斗轮挖掘机)来清除表土。一旦矿石暴露出来,其他设备就会跟进,将其破碎并装载到轨道车、拖运卡车或输送机上,以便运输到加工厂。地下采矿是为开采位于地下深处的矿产,在这里露天采矿变得不切实际。在这种情况下,覆盖层留在原地,通过一系列竖井、斜坡和隧道到达目标矿体,这些竖井、斜坡和隧道是通过钻孔和爆破挖掘的,并且也用作将挖掘的原材料运送到地表的通道。

与地下采矿相比,露天采矿在设备效率、操作灵活性及规模经济等方面更具有显著优势,采矿设备在矿坑区域内易于移动及定位。一个露天矿只需同等地下矿井成本的1/10就可以投入使用。然而,尽管地下采矿的设备更加复杂,并且充满了涉及健康和安全的技术问题,但当移除大量表面覆盖层的经济和环境压力不能够再持续时,地下采矿就变得不可避免。例如,除非采用隧道支撑,否则上覆盖物的压力和岩石不稳定造成的坍塌威胁的风险也会增加。当然露天采矿也会受到岩石不稳定的影响,表现为岩石崩塌和边坡破坏。地下矿井是一个密闭、嘈杂、肮脏的工作场所,需要适当的通风才能消除潜在的爆炸性、有毒气体和粉尘等隐患,充足的空气流通也有助于调节温度。大型/重型移动机械始终是工人的重大危险,尤其是在地下。在地下矿井中使用炸药时,其配方必须能够防止产生危险的气体和粉尘爆炸。

其他采矿方法依靠流体到达地表并将矿产资源泵送到地表,这是石油和天然气行业的惯例。另一种类似的开采方式称为水力开采,利用水力使岩石破裂,并将碎石运送到加工厂。

一旦将材料从矿井中挖掘出来,就必须为下一步复杂的化学处理过程做好准备,最终将提取出令人垂涎的资源。这是一个关键时刻,因为处理过程可能会产生尺寸大小为20~200cm的碎片组成的松散聚集体。这种粗原料不适用于任何有意义的和有效的化学处理过程,以获取所需的资源。事实上,用于从原料中提取资源的典型化学工艺,在处理微小颗粒时将最有效地运行,因为这些微小颗粒能为化学反应工艺提供了更大的反应表面。因此,一种称为矿物精选(或选矿)的相对低能量的五步工艺方法,可把粗原料还原成适合化学工艺的碎料。选矿的第一步骤是粉碎粗原料,以获得0.5~2cm的碎料尺寸。第二步是将需要进一步粉碎的碎料从准备用于下一阶段的碎料中筛选出来,在第三步中将它研磨成小于10μm的颗粒。破碎、筛选和研磨同时进行,并分阶段进行,以最大限度地提高这些操作的能力和效率。第四步为分级,旨在确保磨矿过程达到适合第五步的矿石粒度要求。第五步为收集,因为它在很大程度上依赖于所需的资源特性,所以它利用了矿物相关的物理属性。因此,磁力分选用于磁性矿物,静电分选用于具有电性的矿物,重力分选用于具有不同密度的矿物等。矿石的类型和矿山的位置将决定选矿过程主要是干法还是湿法操作[①],以及五步主要操作所涉及的中间步骤数量,以及每个工艺步骤所需的设备。通过将矿石精选为工业级原料,资源开采可以更有效并提供更大的收获量。此外,它减少了化学处理装置设备的尺寸、复杂性和能量需求。

正是在加工厂,原材料才能最终被加工成为令人垂涎的纯净资源,用于生产使我们的社会正常运转的物质和产品。将矿物从其氧化物还原为纯净物的过程称为矿物精炼,它体现了几千年来的创新和技术进步。矿物精炼高度依赖于所需求的资源以及

① 针对地球冶金行业而言,湿法操作也称为湿法冶金,是指利用某种溶剂,借助化学反应(包括氧化、还原、中和水解等反应),对原料中的金属进行提取和分离的冶金过程,又称水法冶金。而干法操作也称为干法冶金,是指利用高温从矿石中提取金属或其化合物的冶金过程。此过程没有水溶液参加,故又称为火法冶金。

原材料的类型。一般来说,它依赖于充足的水、空气、氧化剂、还原剂、化学物质、热量和能源供应。例如,在高炉炼铁工艺中①,铁矿石与焦炭和石灰石一起放入高炉,这三种成分在高炉顶部交替分层放置。当热空气被迫从底部进入并向上进入矿层时,铁矿石就会熔化。焦炭使石灰石与熔融的铁矿石反应,产生纯的熔融铁水和杂质(熔渣/炉渣),这些杂质聚集在熔炉的底部。因为熔渣的密度较低,可以将其先排出,然后将纯铁水倒入铸模和铸锭中,如图3.1所示的使用高炉的干法冶金工艺。相反地,纯铝的生产需要大量的电能和试剂。事实上,将铝矿石浸泡在氢氧化钠溶液中,该溶液能溶解氧化铝但不溶

> 知识链接:
>
> ① 高炉炼铁是火法冶金(钢铁)工业最主要的环节,也是把铁矿石还原成生铁的连续生产过程。首先将铁矿石、焦炭和熔剂等固体原料按规定配料比由炉顶装料装置分批送入高炉,并使炉喉料面保持一定的高度。焦炭和矿石在炉内形成交替分层结构,矿石料在下降过程中逐步被还原熔化成铁和渣,聚集在炉缸中,定期从出铁口和出渣口排放。

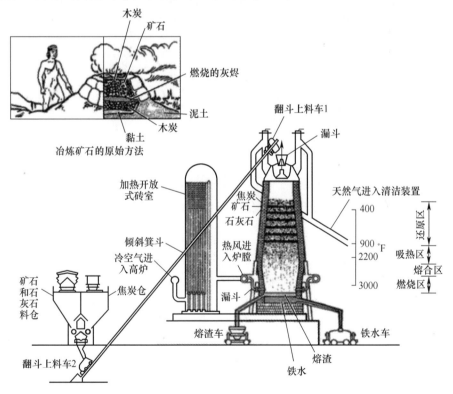

图 3.1 现代使用高炉的干法冶金工艺示意图

注:在原理上原始的炼铁方法与当前的工艺并没有太大的不同

(1°F=℃×9/5+32)。(图片来源:Figure 3.1)

解杂质。冷却溶液使氢氧化铝沉淀并与杂质分离。通过加热,氢氧化铝变回其氧化物,该氧化物被输送到熔融的冰晶石槽中,在那里被电解。这样当氧气在阳极释放时,纯铝则在阴极聚集,如图3.2所示的采用湿法冶金工艺的精炼铝电解槽结构示意图。

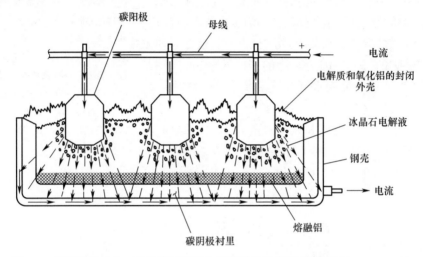

图3.2 采用湿法冶金工艺的精炼铝的电解槽结构示意图(图片来源:Figure 3.2)。

3.2 地球采矿与太空采矿

资源开采是一种与人类一样古老的方法,从定义上来看,纵观历史它没有发生太大变化。相反,用于资源评估的日益复杂的设备和技术,促进了更高的效率、更大的开采能力和更高的经济回报。在月球上采矿仍然是科幻小说的主题,在全球世界各地的研究机构发表的大量的学术论文,以及在科普文章中,短期内很难实现这些文章所宣扬的期望场景,因此更像是处于硬核科幻小说的边缘。

鉴于月球也是岩石类天体,很容易想象,将在地球采矿中广泛使用、充分理解并掌握的技术和工艺,完整地移植到我们的邻居星球上。事实上并非如此,因为特殊的月球环境将对机械和工艺产生不同的影响。例如,假设考虑在月球表面进行爆破,但那里没有大气,重力是地球的六分之一。在地球上,碎片将被空气迅速减速,并在重力的作用下落在离爆炸地点相当近的地方。但在月球上,它们将继续沿着弹道飞行,最终聚集在远离起爆点的广阔区域。除了需要清理大片区域的碎片以防止损坏设备和伤害航天员外,回收岩石碎片也将成为一件效率低下且耗时的事情。因此,如果在月球上进行爆破,将需要以一种全新的方式设计和放置炸药,以减少碎片在真空、低重力环境中的散落范围。

在机械挖掘以及装载和拖运松散矿石的过程中,利用重力也很重要。地球的高重力即用于产生合成切削力,也用于防止移动设备(如安装在推土机上的铲土机和铲运机)在岩石切割和装载过程中打滑的水平力,如图3.3所示。而在月球上同样物体产生的重力大大降低,因此需要采矿设备携带大量压舱物,如挖掘出的月壤。简单地说,月球上的挖掘机需要6倍于地球上挖掘机的质量才能产生相同的牵引力,这导致了惯性的增加和机动性的降低,如图3.4所示。一种可能的替代方案是开发出针对月球操作进行优化的轮胎胎面或轨道。低重力环境也会影响钻井设备的压紧程度,需要被动(加重)或主动(顶升)锚固系统来确保足够的钻探深度。另外,低重力环境将意味着隧道和露天矿更不容易发生岩石不稳定和结构坍塌,减少了对顶部和墙壁的支撑要求。

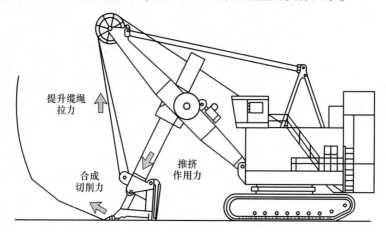

图3.3 传统矿铲的简化受力图

注:切削力是提升缆绳拉力、推挤作用力和前端几何形状的函数。在挖掘过程中,需要较大的机器重量来提供水平滑动阻力(图片来源:Figure 3.3)。

虽然与采矿工艺没有严格的关系,但机械还原或破碎岩石是收集矿物原材料的必不可少的一步。尽管使用高压水进行湿式研磨以减小颗粒尺寸的方法优于

图 3.4 地球上挖掘机的挖土过程示意图

注：如果岩石被广泛分散，则装载将耗费更多的时间，在低重力环境和没有空气阻力的情况下，使用常规爆破可能会出现这种情况。装载机必须具有足够的牵引力（由摩擦力和重量产生），以将装载铲斗推入渣土堆（图片来源：Figure 3.4）。

干式研磨，但在月球上由于水资源的缺乏，水的生产、输送、控制和回收方面存在显著困难，因此目前在月球上进行湿式研磨是不切实际的想法。干式研磨是最常用在研磨机中的办法，颗粒的尺寸主要通过冲击作用而减小。在研磨机内，颗粒沿着研磨机外壳提升并产生圆形轨迹运动，直到在重力作用下被迫放弃该路径并继续沿着抛物线弧线运动，最终导致颗粒撞击外壳的底部，重复的冲击力导致了颗粒碎裂，如图 3.5 所示。如果在月球上也使用这种方法，则几何和工作参数（输出速率、角速度等）必须考虑 1/6 重力的影响，这也适用于按大小对颗粒进行分级的步骤。这发生在整个铣削过程中。通常，它是在水中进行的，通过利用在液体中分布的不同大小的颗粒。但是同样的原因，在月球上的早期阶段采用湿法研磨是不切实际的，必须开发出一种替代工艺来对颗粒进行分级。

月球环境中的高真空、大范围的温度循环变化、月尘积聚和太阳及宇宙辐射作为其他影响因素，都将影响采矿设备的设计和使用。例如，必须保护密封件和轴承不受外部环境的影响，以防止润滑剂沸腾和因粘附磨屑而产生的机械腐蚀。图 3.6 为"阿波罗"16 号载人飞船指挥官约翰·杨（John W. Yong）在登月视频中的静止画面，他在月球上驾驶着月球车，虽然只是一辆小车，但在它身后激起了大量的月尘。

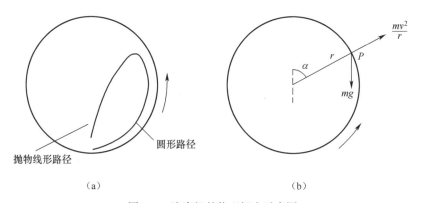

（a） （b）

图 3.5 滚磨机的物理概念示意图

（a）滚磨机中颗粒的运动轨迹；（b）滚磨机中颗粒的受力行为。

注：在点 P 处颗粒的重量与离心力平衡。此时，颗粒放弃滚筒施加的圆形路径，沿着抛物线弧线到达滚筒底部，冲击引起破碎。重力对研磨的影响是显而易见的（图片来源：Figure 3.5）。

图 3.6 "阿波罗"16 号载人飞船指挥官约翰·杨（John W. Yong）在登月视频中的静止画面（图片来源：Figure 3.6）

月球环境还包括连续两周的月昼(白天),然后是同样长时间的月夜(黑夜),这引发了对材料脆性问题的担忧。

材料和设备的热控制。在月昼和月夜期间分别采取适当的冷却和加热措施来进行热控制。在几十年的太空探索中已经开发了各种被动和主动热控系统,然而将这些系统纳入月球采矿设备中将大大增加它们的机械复杂性。在阳光充足的情况下,厚重的防护罩可以防止热量从外部渗入。大型散热器可以将设备内部产生的热量散发到太空中。此外,必须采取预防措施来杜绝冷却剂在高真空环境中蒸发。月球上没有大气将使钻探过程中的流体管理和维持变得复杂。在地球上,除了冷却钻头外,流体还会将钻屑从钻孔中带走。但是,这些液体会在月球表面迅速流失,因此有必要开发一种不同的岩石钻孔技术(如熔化岩石,这将在后面讨论)。采矿设备中的电子设备将对电磁辐射、宇宙射线和太阳风中的带电粒子非常敏感,这是个众所周知的问题,它会影响到所有部署到太空中的硬件,并且解决方案是现成可得的。因此,将它们纳入月球采矿设备应该不会增加太多复杂性。

3.3 在月球上采矿

3.3.1 月球采矿设备设计

科幻小说已经让我们习惯于这样的想法:庞大的机器在月球或其他天体的表面上滚动,碾碎其道路上的一切,以满足同样庞大的工业采矿和制造活动。总有一天我们会获得这种能力,但从第一天起就假设是这样的是不合理的。这就好像,奥维尔(Orville)和威尔伯·莱特(Wilbur Wright)在1903年第一次测试他们的飞行器后,立即着手建造超声速协和式飞机。

虽然说地球采矿是一项成熟的事业,但我们没有任何地外天体采矿的经验。考虑到月球环境将显著影响到采矿设备的设计和使用,应从简单开始,逐步提升到更复杂的程度。

一般来说,月球采矿设备应具有简单、坚固、耐用、多功能、低能耗、自动化和低成本等特点。简单性是指一种使设备能够抵抗故障,便于维修,并减少维护及停机时间的设计,运动性部件越少越好。它还包括了坚固性和鲁棒性设计。采矿的本质对挖掘和运输设备会造成严重的磨损,因为持续的冲击和磨损需要频繁地重铺路面和更换部件,温度波动也会损害耐用性。因此,采矿机械必须使用坚硬的材料,以最大限度地减少磨损,并延长更换零件和大修间隔的时间。鉴于期望在开始第一次挖掘之前,就全面考虑到地外天体采矿活动的每一个环节是不现实的,采矿设备必须具有足够的多功能性,以便快速重新定位、重新定向、改变供配电网络以及在运行阶段进行必要的其他更改。同样的设备还应设计为可接受其硬件的更改和升级,并能以多种不同的模式运行。

3.3.2 月球表面采矿

鉴于我们缺乏地外采矿的经验,常识告诉我们,最初的月球采矿活动将会在月球表面进行。此外,它们不需要挖掘和处理地球采矿作业中那种典型的规模巨大的岩石。第一个月球采矿点将不会用于工业级规模的生产,而只是作为一个试验场,通过反复试验来了解开采地外天体资源所必须具备的条件。研究结果将用于未来大规模采矿场地与设备的设计和规划。

预计月球上首次小规模采矿作业的挖掘设备,可能像是三滚筒式耙斗装载机,也称为缆索操作的拖式铲运机。它已有一个世纪的历史,不像现代方法那样有效,但它符合上述要求,并有良好的记录。换句话说,它可以快速适用于月球环境,并提供在月球表面操作的经验。

这种采矿设备由三个缠绕电缆的卷筒、三段操作采矿工具(如铲运机)的电缆和两个锚定滑轮组成,还有一个移动电源/装载单元。通过将两个锚定滑轮和移动电源/装载单元安放在形成三角形采矿场的位置来固定该设备。由于月表月壤性质基本一致,使用合适的锚固系统可将滑轮和移动装置固定到位于松散表面材料(指月壤)下方的坚固风化层上。通过在三角形顶点处放置滑轮,利用在移动装置和滑轮之间伸展的缆绳上的张力,可将铲运机定位到场地内的任何位置。铲运机就位后,将其拖回到移动装置处。在那里,收集到的材料将被卸载到合适的设备(如传送带)上,以便运输到加工地点。为简单起见,移动处理装置带有移动电源/装载单元将是非常有帮助的。

移动式采矿机可以决定自己的位置,如图3.7所示。虽然通常的布局是三角形,但通过改变滑轮的数量和位置可以变成其他形状,如矩形和直角。其优点之一是,只需从地球上运送少量的备件,并在发生破损或维修的情况下,停机维修时间可以保持在最低限度。硬件的简单性体现在轴承和运动部件的数量有限,最大限度地降低月尘渗透和润滑剂蒸发而导致的机械卡滞风险。设备固有的简单性也将使其适应环境的成本最小化。铲运机也提供了很大的灵活性。在矿井中遇到不可逾越的障碍时,可以重新配置或重新定位。使用连接到电缆上的不同挖掘工具可快速适应坑内的表面条件。例如,可使用推土机铲刀从坑中清除不需要的岩石。如果需要细粒材料[a],该系统可以安装一个耙子,将过大的岩石块推移到矿坑的另一侧,然后安装刮铲收集细粒。松土机和犁可用于破碎坚硬的地面并增加工作深度。通过改变铲斗尺寸、跨度、伸出距离和电机功率,可改变每次铲挖的物料量。在低月球重力环境下,为了优化铲斗的垂直穿透力以收集最佳的原材料,可以方便地人工加重铲运机,或重新配置电缆力系统或者两者兼有。低重力既可以更容易地将材料装载到铲斗中,也容易在颠簸行驶的情况下使其掉落。事实上,在后一种情况下,由于重力较低,铲斗中的原材料更容易因为晃动而溢出到坑中。重新配置电缆系统和改变各种方向张力可尽量减少这种运输损失。图 3.8 所示为耙斗装载机的示意图。图 3.9 所示为三滚筒采矿机的开采方式示意图。

图 3.7　移动式采矿机的示意图

注:坑中心的铲运机继续装填物料,直到到达左侧的卸料点或装载站。箱式材料桶的侧面是封闭的,以防止非常细的月壤颗粒在装载和运输过程中溢出(图片来源:Figure 3.7)。

---

a 细粒月壤材料,也简称为"细粒"。

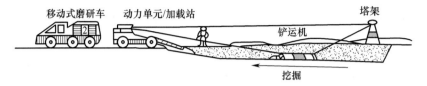

图 3.8 耙斗装载机的示意图

注：上图示意了如何将铲运机中的原材料直接倾倒在磨研车厢上，以及安装在塔架顶部的滑轮如何在铲运机从装载站返回采矿区的过程中定位铲运机(图片源自：Figure 3.8)。

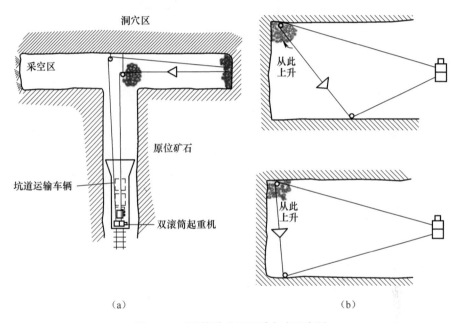

图 3.9 三滚筒采矿机开采方式示意图

(a)三滚筒采矿机在拐角处刮削；(b)使双滚筒采矿机能够在其受限制的狭窄路径之外采矿的设置变化。

注：在图(a)中，原材料先被卸载到坡道上，然后装入车厢，运输车辆将把原材料直接运到加工厂(图片源自：Figure 3.9)。

一种更复杂的方法是首先松动月球的表面风化层，然后收集原材料并运送到加工厂。风化层可通过带叶片的滚轮、炸药、螺旋钻和松土器等来实现松动。叶片辊由装有径向叶片的滚筒组成。直叶片需要较小的功率，弯曲叶片对月表的破坏更大。在月球的 1/6g 低重力的情况下，滚轮必须有足够的重量来保持其叶片压在月球上。岩石可以提供压舱物。这种设备的缺点在于，它依赖迫使刀片深深地切入土壤的设备自重,这增加了阻止向前运动的力,并且需要使用更强大的车辆。图 3.10 为用于松动风化层的叶片辊。

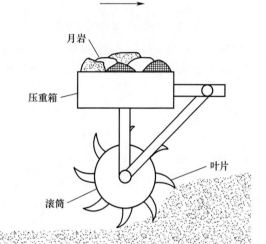

图 3.10　用于松动风化层的叶片辊示意图(图片来源:Figure 3.10)

如果在露天使用炸药,不得不将它们放置在月表以下,并以网格模式(grid pattern)炸开一个浅坑。如果需要,可以将它们放置在一个大陨石坑的底部,以剪切其边缘,使碎片聚集在陨石坑内。如前所述,低重力环境下的爆破需要炸药配方和精确计算网格模式的需要量,从而确保不会导致月球的风化层飞离工作区。

螺旋钻在松动风化层方面也很有效。它们在原理上类似于带叶片的滚筒,但在螺旋钻中,叶片的旋转方向使得风化层被搅动到中央通道中。螺旋钻的优点是它在旋转时会脱落风化层。松土机是一种耙子,沿着月球表面拖动,将刀片推入地面。在低重力环境下,有必要使用压舱物。

松散的风化层可通过传送带、斜面、斗轮和前端装载机进行收集。传送带连接到收集箱的前部,以这种方式使传送带的长度最小化,同时减少移动部件的数量,从而减少系统的总质量,如图 3.11 所示。在该装置的变型设计中,斜面定位在传送带的前方。收集器的向前运动可将风化层推上斜面并推到传送带上。这最大限度地减少了皮带的磨损,因为推动风化层的是斜面,而不是传送带。此外,由于切割力作用在斜面上,因此皮带末端没有扭矩,如图3.12所示。另一种组合是将松动装置(如松土机或螺旋钻)定位在倾斜平面的前面,以使用单个车辆同时完成松动和收集,如图3.13所示。斜面的优点是简单可靠,缺点是它需要动力才能有效运行,因为大部分风化层最终会被推到车辆前面,而不是被动运上斜坡。这种向前运动的阻力必须被抵消。斗轮收集车的优点是其在地球上被广泛使用,并且其设计和性能是众所周知的。但它的质量和体积确实很大,而且运动部件的数量会降低可靠性。然而,自重大也是一个优点,因为它允许铲斗深入到风化层中,这就无需松动阶段,如图3.14所示。

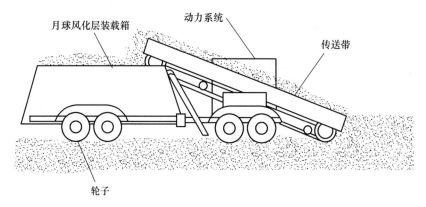

图3.11　传送带收集系统示意图(图片来源:Figure 3.11)

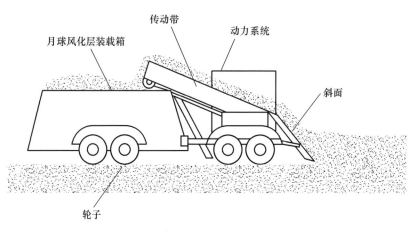

图3.12　带有斜面收集系统的传送带示意图(图片来源:Figure 3.12)

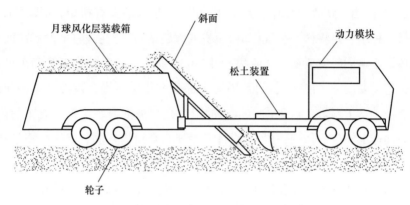

图 3.13　斜面和松土机收集车示意图（图片来源：Figure 3.13）

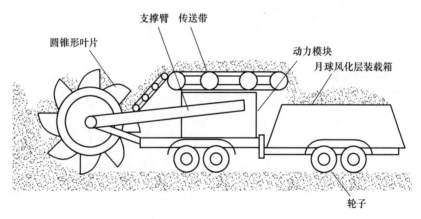

图 3.14　斗轮收集车示意图（图片来源：Figure 3.14）

3.3.3　月球地下采矿

就像在地球上发生过的那样，当从月球表面获取资源变得不切实际时，就必须考虑在月球上进行地下采矿。事实上，地下采矿应尽早进行，以避免航天员和设备暴露在月表固有的危险环境中，最明显的影响因素是极端温度、陨石撞击和空间辐射。此外，在地下工作的好处是可以同时获得矿产资源和生活空间。也就是说，随着隧道的挖掘和矿石的移除，隧道空间也可以用做自给自足的月球前哨站中的生活区、车间、控制中心和任何其他基础设施。封闭隧道的入口将使采矿活动能够在良好的工作环境中进行,其特点是可以加压并提供管状的工作空间。通过这种方式,设备的可靠性得到提高,使用寿命将大大延长,因为它不再需要被设计成必须承受真空、温度循环变化、空间辐射和月尘造成的损害。

在地球上,地下采矿经常受到水的威胁,要么是因为压力,要么是因为流量过大,或者两者兼而有之。这在月球上不会成为问题,因为月球上没有流动的水。一般来说,低重力环境将最大限度地降低结构不稳定和倒塌的风险。然而,如果有必要进入脆弱或分裂的地质区域,这可能会成为一个问题。在这种情况下,墙体加固将不会比在地球上更具挑战性。另一个提倡地下采矿的动机是希望尽可能多地保留完整的月球表面环境,以保护用于科学研究的月球外部环境,以及保护自然奇观。

与地表采矿的情况一样,早期的月表下矿区预计将采用一种基于改造现有地面设备以供月球使用的方法。例如,能够兼具钻孔、爆破和矿石移除功能的履带式电动车辆,将驱动多个钻头进入隧道中的岩石表面。在将炸药插入这些管道后,钻井平台将撤出,并远程引爆炸药。一旦月壤沉积下来,钻机将返回并开始装载矿石操作,使用铲斗收集破碎的岩石,并将其运送到料斗,然后卸到输送机上,再把矿石卸载到连续的输送车上,以便运输到加工厂。如有必要,可在采矿钻机上安装自动锚杆钻机,以加固隧道顶板,如图 3.15 所示。

在地下矿井的密闭空间内使用炸药,无论发生在哪个天体上,都会对操作人员和设备造成危险。当隧道稍后用作月球基地时,情况更是如此。事实上,靠近月球采矿区居住和工作所需的便利设施可能不会使用强力化学品(如炸药),应评估替代和更先进的破碎岩石的方法。例如,可以通过将高温热量传递到岩石表面区来实现破裂岩石。目标岩石内的热量将通过热膨胀作用进入周围较冷的材料中,由于受到自由膨胀的限制,最终将屈服于由内向外上升的膨胀作用力并最终破碎。产生这种热量的方式可以通过气体燃烧、电极、电离等离子体、电子枪、微波、太阳能和激光等手段来实现。如果能够达到极高的温度,比如核聚变反应堆产生的等离子体,岩石甚至可以熔化,而不仅仅是破裂。

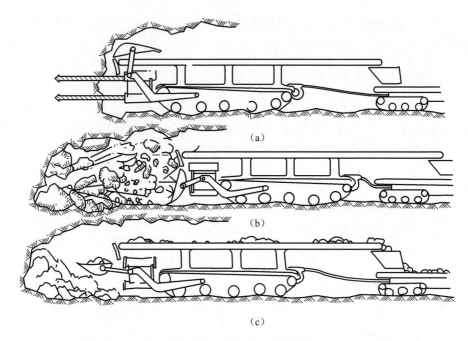

图3.15 自动月球采矿装置和操作顺序概念性示意图(图片来源:Figure 3.15)

(a)钻孔;(b)爆破;(c)运送矿石原料。

在这种情况下,熔化的矿石可以被引导进入电解分离器,在那里电场将矿物与熔体隔离。熔融态的矿物在模具中固化,便于储存和运输到加工处理厂。同时,不需要的熔体将被引向机器的周围,在那里它冷却并衬在隧道壁上,如图3.16所示。像这样的系统在科幻小说中被广泛描绘,并且已经开发出小规模应用的样机,如放置炸药钻孔。将这类设备应用于地外天体采矿应该很简单,因为它们在很大程度上是独立的。少量的移动部件将最大限度地减少维护性操作,并且由于是在地下隧道中操作,它们将不会在低重力环境下失去牵引力。正如前面所描述的,对于注定要在月球等地外天体环境中工作的机器来说,这些都是极具吸引力的特性。

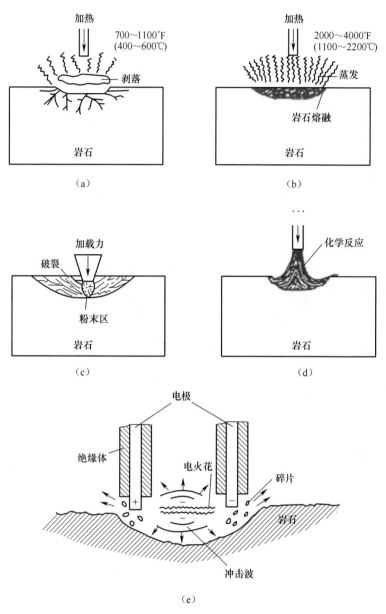

图 3.16 利用高温加热破碎岩石法过程示意图

(a)剥落:岩石崩解方法通过快速施加强热;剥落导致高热应力;(b)熔化和蒸发:熔化通过提高温度使岩石液化;(c)机械应力破裂:对岩石施加超过其机械强度的物理力;(d)化学反应:使用化学物质溶解岩石键;(e)火花破碎:机械应力方法的一种变体,在该方法中,电极之间的放电火花产生压力脉冲,进而使岩石碎裂(图片来源:Figure3.16)。

3.4 小行星采矿

小行星将成为地外天体采矿的诱人目标。考虑到它们的大小(如最大的谷神星直径不到1000km),就很容易理解,在设计挖掘坚硬岩石的设备时,必须考虑异常低的重力影响,可参考2014年11月12日"菲莱(Philae)"着陆器在67P/丘留莫夫-格拉西缅科(67P/Churyumov-Gerasimenka)彗星上着陆的方式。正如ESA事先解释的那样:"菲莱"将以大约1m/s的速度到达小行星表面。这听起来可能速度不大,但由于彗星表面的重力大约为地球重力的10万分之一,必须使用一个复杂的装置来防止它反弹到太空中。三条腿的起落架将吸收动量,并用它来使每只脚上的冰螺丝进入目标天体的表面。同时,将发射两个"鱼叉"用以将探测器锁定在小行星的表面上,顶部的小推进器可用于抵消"鱼叉"的后坐力。尽管有预案准备,"菲莱"还是从第一次接触中反弹回来,当它最终被微弱的重力吸引着陆后,它停在了一边。这与科幻小说中设想的轻松触地场面相去甚远。值得一提的是,"菲莱"只有100kg,它不需要挖掘成吨的岩石来进行资源的开采。想象一下,把一个几吨重的着陆器软着陆在一个低重力天体的表面上需要付出多大的代价。

就小行星而言,起初的采矿活动最有可能是在小行星的表面进行。在如此低的重力环境下,突出的问题是如何防止碎片物质逃逸到太空中?即使是用铲子轻轻一碰,也足以将碎石和颗粒送入它们自己围绕太阳的轨道。更麻烦的是,如从表面切割矿石材料,只会加剧这一问题,这可能意味着损失大量宝贵的资源。灰尘和细粒颗粒也会在附近徘徊,模糊视线并堵塞远程操作或自动化监控系统所需的仪器。除非对采矿设备进行完全防护,否则它将会被飘浮的碎片损坏。而更重、更坚固的设计将使开发、发射和交付的成本变得更高。

对此可能的解决方案是利用这个现象,而不是与之对抗。例如,在1990年NASA进行的一项关于空间资源利用的研究报告中,曾建议在小行星周围安装缆绳,每条缆绳携带一个刀头或岩石破碎装置作为其向导。通过从表面发射这样的工具来破碎和挖掘小行星星壤。然后,将挖掘出的物质收集在一个位于被开采区域上方的柔性袋中,由缠绕在小行星周围的相同电缆固定。小行星的旋转将有助于保持袋子的形状。当一个采矿点资源耗尽时,可以将袋子移动到另一个采矿点。一旦收集袋装满,将它们分离并转运到某个合适地点(可能在低地球轨道的加工厂)。一个新的袋子将重新被安装到小行星上,用于下一步的采矿作业。这是一种相当简单的方法,也许并没有科幻小说中通常描绘的那么迷人,但同样有效。事实上,在小行星周围放置电缆可能比固定航天器更容易。例如,如果使用螺旋钻进行锚固,则必须增加一个压紧装置,以抵消星壤对螺旋钻穿透的反应。因此,强度很低的小行星非常适合采矿,但很难锚定。这很可能是大多数感兴趣的小行星将面临的相同情况。因此,采用缆绳解决方案是有吸引力的。此外,生产缆绳并将其装载在紧凑的容器中相对容易些,我们在地球和空间的应用中有这方面的经验①。此外,由于切割工具将沿着绳缆方向运行,因此灰尘遮挡视野和堵塞仪器的问题更不太会发生了,如图 3.17 所示。

> **知识链接:**
> ① 一个值得注意的空间应用是 20 世纪 90 年代在两次航天飞机任务中进行的系留卫星试验。两次任务都是部署同一种类型的小型卫星,该卫星通过一根长 20km 的系绳与轨道器相连,以研究空间失重环境中系绳系统的动态特性,并开展电离层电动力学研究。尽管受到一些重大"并发症"的困扰,但两次飞行任务都完成了其预期的科学和技术目标。

图 3.17 使用电缆切割袋进行小行星采矿的概念示意图(图片来源:Figure 3.17)

在 NASA 的同一份报告还提出了另一种变通性方案,在这种方案中,炸药将把一大块小行星炸进袋子里,这将在切割器难以适应地形的情况下进行。仍然需要电缆来引导和固定钻孔机,这些钻孔机将在预定的位置,将爆破孔钻入小行星表面,以满足所需爆炸模式的需求。

缆绳切割袋采矿概念非常适合直径大于几百米的小行星,因为必须有足够的空间来移动切割工具。对于被炸药分离的大块小行星星体来说,这可能是不切实际的。因此,需要一些其他方法来进一步处理这些岩块。

对于大块小行星星体可以采用光学采矿方法,其原理是聚焦太阳能量产生强烈的光束,进行小行星表面的烧蚀,也称为光热转换。简单地说,这是一个高科技版本,就像在阳光明媚的天气里使用放大镜来引发火灾那样。试验表明,通过将阳光聚焦在仅仅几平方厘米的区域上,局部加热效应可以将温度提高到1300℃。这种热能只需要穿透表面几毫米即可以触发破裂,这就是剥落。如果岩石材料含有水和二氧化碳等挥发物,那么热量将引起挥发物快速膨胀,导致放气,放气将把破裂产生的碎片吹除,从而暴露出新鲜的冷岩体表面,然后循环继续该过程。这种工艺方法可以迅速深入到小行星深部,特别当它为高度多孔的结构时,如图3.18所示。然而,并非所有类型的小行星都富含挥发物。

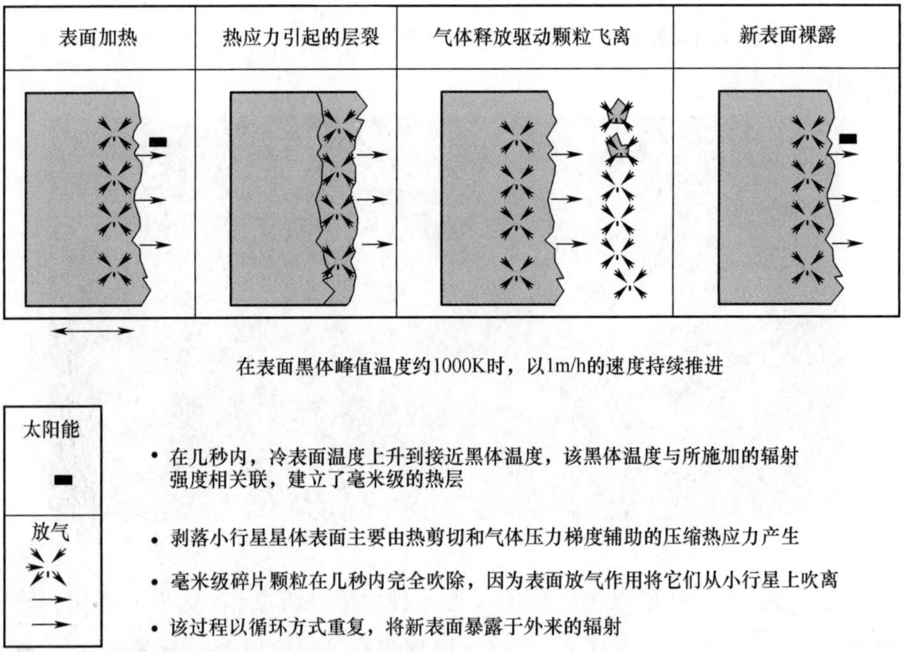

图3.18 采用光学采矿方法剥落小行星岩体的过程示意图(图片源自:Figure 3.18)

Tranastra公司是一家致力于生产和发射用于光学采矿航天器的公司,该公司与NASA签订了NASA先进创新概念(NASA Innovative Advanced Concept, NIAC)计划的合同[①]。该公司是由乔尔·塞色尔(Joel C.Sercel)博士创建的,他正在倡导小行星原位补给(Asteroid Provided In-situ Supplies, APIS)方案,该方案由低成本、小质量"蜜蜂"(HoneyBee)探测器组成。该探测器的特征是采用充气装置去捕捉、消旋、全密封包围一颗直径为10~15m小行星。捕获后,将部署两个大型薄膜透镜状充气反射器,配置适当的镜子,将阳光集中到小行星表面,用于光学采矿。光学采矿利用过热挥发物的脱气作用来破碎小行星的表面岩石,并暴露出新鲜的岩体。这一过程在密封袋的稀薄气体环境(估计为10^{-4} atm, 1atm = $1.013×10^5$ Pa)中非常明显。但肯定地说,光学采矿可以慢慢地粉碎小行星,图3.19所示为"蜜蜂"号光学采矿探测器的系统组成示意图。

由于Tranastra公司试图在小行星上开采水资源[②],将释放出的挥发物在中等温度下,低温泵入一个被动冷却的薄膜外壳储罐中,在那里水将以固态冰的形式储存。因此,完全不需要硬壳储罐。被动冷却是通过表面镜面涂层实现的,该涂层可发射红外辐射并将阳光反射到深空。当小行星沿其轨道运行时,薄膜透镜系统将旋转以持续朝向太阳。

在完成采矿活动后,"蜜蜂"号探测器将使用两个太阳能反射器将阳光重新引导到升级的太阳能热火箭。通常,太阳能热火箭是利用太阳光直接加热反应物质,然后通过喷嘴产生推力。典型太阳能热

知识链接:

① NIAC,即NASA先进创新概念,这个计划的建立是为了培养富有远见的想法,这些想法可能会在太空探索和空间定居方面取得突破。

② 水是太空中可持续发展的基础,因为它可以作为推进剂,也可以满足人类生存的基本消耗品需求,如基本卫生、食物消耗和生产氧气的需求。

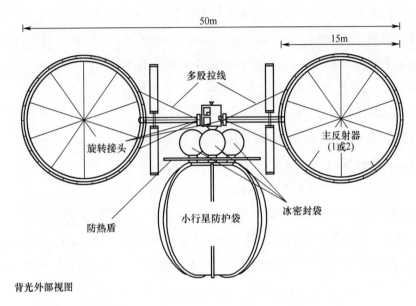

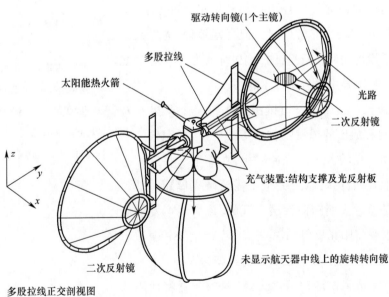

图 3.19 "蜜蜂"号光学采矿探测器系统组成示意图(图片源自:Figure 3.19)

火箭的硬件要求高纯度的推进剂,推进器的设计是为了接受从小行星上提取的未净化的水,其核心是一个 3D 打印的陶瓷泡沫,通过吸收从反射器引导的阳光,实现内部较高的温度,而不会熔化或降低其力学性能。然后,一些从小行星上收集到的水被融化并泵送到推进器中,在推进器中收集陶瓷泡沫吸收的热量,并加热到足以加速推进剂进入喷嘴的温度。用这种方式,可以节省用于净化的专用设备的质量和成本,而不是仅需要粗过滤以避免堵塞陶瓷泡沫。

"蜜蜂"号探测器不像科幻小说中的庞大机器那么酷,但它是一个充满希望的初级原型样机,并具备几个优势。例如,发射时的总质量和体积显著减少,因为将反射器、储存罐和小行星密封袋等设计成充气式柔性部件。使用光学采矿而不是电动机械设备可进一步减小质量。通过利用从小行星上开采的水,可以在从地球出发时不必为返程携带推进剂,因此不需要推进剂贮箱和相关的硬件设备。电解设备可用于将水分解为氢和氧,而低温冷却设备则允许将这些成分,以液体形式储存在高度绝缘的储存罐中。柔性贮箱可以在发射时折叠,减小探测器的总体积及整流罩的直径。它们还简化了零重力条件下的推进剂管理系统的复杂度。在返回地球之前访问多个小行星的方案也变得可行,因为探测器不需要依赖发射时提供的补给,还可自行原位补加推进剂。此外,通过使用由锂电池供电的小型电推进器,同样的水不仅可用于主推进器,还可用于姿态控制系统,如图 3.20 所示。

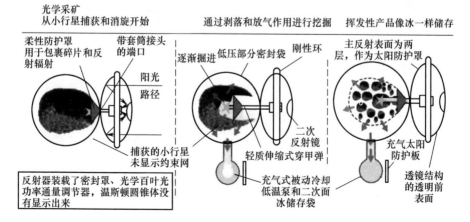

图 3.20　光学采矿过程示意图(图片源自:Figure 3.20)

由于显著节省了质量和体积，该探测器能够由 SpaceX 公司的"猎鹰"9 号运载火箭发射，这本身就大大节省了发射成本[a]。光学采矿方法还最大限度地提高了获取资源的总量，这是根据探测器所能提供的发射有效载荷质量来衡量的。据估计，在 10~15 年的寿命中，一个探测器将能够在直径约 10m 的小行星上执行至少三次采矿任务，并带回质量总计约 400t 的水冰，该系统极其灵活。如果水不是主要需求，一个"蜜蜂"号探测器还能够带回一袋原材料（或矿物），再利用这些原材料在太空中制造出可供地球上人类消费的商品或建造轨道基础设施，预期该探测器全寿命任务期间的采矿总产量将是 300t 水和 1000t 矿物。

根据一份 NASA/NIAC 合同显示，Astrotecture 公司是一家空间建筑咨询公司，它提出了一种更复杂的航天器——"快速小行星勘探者"（Rapid Asteroid Prospector，RAP），由一个长 40m、宽 3m 的石墨复合材料桁架结构组成，一端是水基太阳能热火箭推进，另一端是能够容纳直径达 20m 的小行星的安全保护壳，如图 3.21 所示。中央部分可以容纳各种系统，如推进剂贮箱、储水箱、姿态控制设备、通信天线和太阳能电池板。容纳袋被设计成刚性外壳，其形状由一系列可膨胀的肋和桁架构件维持。前穹顶被设计成铰链，在小行星捕获期间打开。其目的是利用光学采矿方法来提取挥发物，由同样的两个大型充气抛物面反射器提供集中的阳光，这两个反射器将用于为太阳能热火箭提供动力，从而将探测器推向小行星。然而，如果目标小行星被认为不适合光学采矿，那么另一种方案是让机械臂抓住螺旋钻来挖一个深洞。一旦螺旋钻装载了冰冻的风化层，它就会被回收到反应堆中，在那里电加热器会从冰冻的星壤中回收水。就像"蜜蜂"号探测器的情况一样，回收的水在返回地球或前往另一个目标的过程中，可以作为太阳能热火箭的推进剂。该探测器旨在通过利用采矿返回后的易于提供在轨服务的性能，能够执行多种任务。它的模块化设计理念将能够适应不同的配置，如增加推进剂贮箱和储水箱。

APIS 和 RAP 方案都介绍了为采矿作业捕获和稳定小行星的问题，这事实

---

a 第 7 章对此有更多介绍。

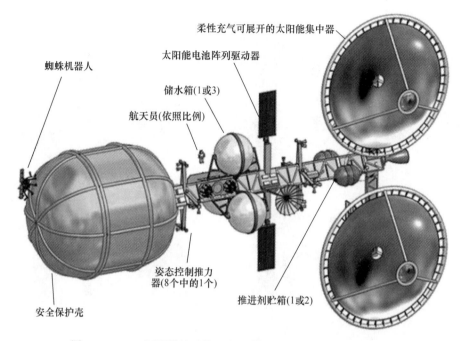

图 3.21　RAP 探测器的系统组成示意图(图片来源：Figure 3.21)

上是很困难的,因为大多数这样的小行星有时围绕一个以上的轴旋转,并且具有很高的旋转速率。在科幻小说中,一艘宇宙飞船固定在小行星上,然后用它的推进系统来消旋。虽然技术上可行,但即使是在单轴上缓慢旋转的很小的小行星,都需要消耗大量的推进剂来进行消旋,而所有这些推进剂都必须装载在探测器上。

在 RAP 的方案设想中,安全保护壳上携带有环绕小行星的机械臂。安装在臂上的多个气囊将被充气。小行星的角动量将通过气囊与小行星表面的摩擦而抵消。然后,机械臂和气囊将收紧以保护小行星,最后安全保护壳封闭,完成整个小行星采矿作业过程。如图 3.22 所示。

航天工程公司 Tether Unlimited 最初是罗伯特·P. 霍伊特(Robert P. Hoyt)博士和罗伯特·L. 福沃德(Robert L. Forward)博士联合创建的,该公司提出了无重力交会和飞网抓捕,以限制过度的旋转(weightless rendezvous and net grapple to limit excess rotation,WRANGLER)的方案。它有一个抓捕、回收和固

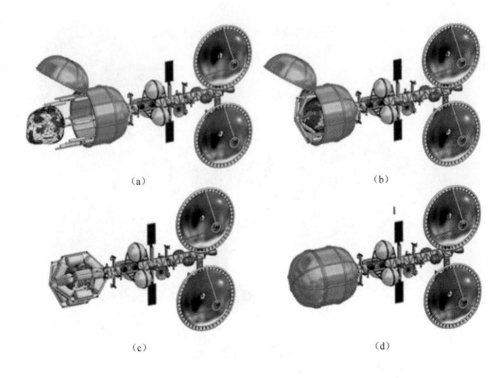

图 3.22 小行星捕获的 RAP 过程示意图(图片来源:Figure 3.22)
(a)靠近小行星,调节速度和转速;(b)通过联动装置捕获小行星;
(c)气囊膨胀以包覆小行星(概念图);(d)完成小行星采矿(安全保护壳封闭)。

定有效载荷(grapple,retrieve,and secure payload,GRASP)的可展开的袋子或网,以及一个连接到小行星的轻型系绳系统。在飞网被拉到小行星周围并收紧,以提供安全稳定连接之前,GRASP 中的轻型临时充气管道将会展开。

抓捕系统展开高强度轻质系绳,该系绳通过适当的控制系统保持张紧。因为角动量保持不变,所以张开的系绳大大增加了转动惯量,而转动惯量取决于系绳长度的平方。通过增加转动惯量,降低了角速度(图 3.23),小行星从而被消旋。这种设计方案的主要优点是降低了采矿探测器方案的复杂性和质量。也就是说,在消旋操作期间,探测器将不会承受与小行星接触产生的动态载荷。太阳能电池板、天线和反射器等脆弱部件既不需要加固,也不需要设计为承受额外应力。采矿探测器的结构及其星载系统可以更轻、更耐用。系绳的设计将不需要探测器在旋转或翻滚的小行星附近运行,从而消除了探测器有可能遭受的潜在危险。

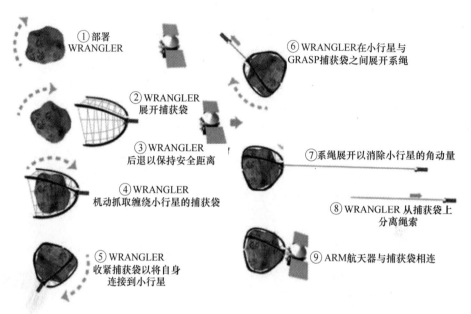

图 3.23 "牧马人"探测器的操作概念示意图(图片来源:Figure 3.23)

参考文献

[1] Cohen, M. (2013). *Robotic Asteroid Prospector (RAP) Staged from L-1: Start of the Deep Space Economy*. [online] NASA. Available at: https://www.nasa.gov/directorates/space-tech/niac/2012_phase_I_fellows_cohen.html [Accessed 27 Jun. 2019].

[2] Lewis, J., Mattews, M. and Guerrieri, M. (1993). *Resources of Near-Earth Space*. The University Of Arizona Press.

[3] NASA (1973). *Feasibility of mining lunar resources for Earth use Volume* 2. [online] Available at: http://www.ntrs.nasa.gov [Accessed 27 Jun. 2019].

[4] Peterson, C., Sercel, J. and French, J. (2017). *Stepping Stones: Economic Analysis of Space Transportation Supplied From NEO Resources*. [online] Available at: http://www.researchgate.net [Accessed 27 Jun. 2019].

[5] Space Resources. Materials. (1992). SP-509. [online] NASA. Available at: http://

www. ntrs. nasa. gov [Accessed 27 Jun. 2019].

[6] Tethers Unlimited (2017). *WRANGLER: Capture and De-Spin of Asteroids and Space Debris*. NASA NIAC. [online] NASA. Available at: https://www. nasa. gov/directorates/spacetech/niac/NIAC_funded_studies. html [Accessed 27 Jun. 2019].

[7] Texas University (1990). *Conceptual design of equipment to excavate and transport regolith from the lunar maria*. [online] NASA. Available at: http://www. ntrs. nasa. gov [Accessed 27 Jun. 2019].

[8] TransAstra (2015). *Asteroid Provided In-Situ Supplies (APIS)*. [online] NASA. Available at: https://www. nasa. gov/directorates/spacetech/niac/NIAC _ funded _ studies. html [Accessed 27 Jun. 2019].

[9] www. esa. int. (2017). *LANDING ON A COMET*. [online] Available at: http://sci. esa. int/rosetta/54470-landing-on-a-comet/] [Accessed 7 Aug. 2019].

图片来源

Figure 3.1: Feasibility of mining lunar resources for earth use: Circa 2000 AD. Volume 2: Technical discussion. (1973). [pdf] NASA, p. 118. Available at: http://www. ntrs. gov [Accessed 24 Jul. 2019].

Figure 3.2: Feasibility of mining lunar resources for earth use: Circa 2000 AD. Volume 2: Technical discussion. (1973). [pdf] NASA, p. 117. Available at: http://www. ntrs. gov [Accessed 24 Jul. 2019].

Figure 3.3: NASA SP-509 Space resources. Volume 3: Materials. (1992). [pdf] NASA, p150. Available at: http://www. ntrs. gov [Accessed 24 Jul. 2019].

Figure 3.4: NASA SP-509 Space resources. Volume 3: Materials. (1992). [pdf] NASA, p151. Available at: http://www. ntrs. gov [Accessed 24 Jul. 2019].

Figure 3.5: NASA SP-509 Space resources. Volume 3: Materials. (1992). [pdf] NASA, p158. Available at: http://www. ntrs. gov [Accessed 24 Jul. 2019].

Figure 3.6: https://www. flickr. com/photos/nasacommons/29798990354/in/album-72157634967617055/

Figure 3.7: NASA SP-509 Space resources. Volume 3: Materials. (1992). [pdf] NASA, p113. Available at: http://www. ntrs. gov [Accessed 24 Jul. 2019].

Figure 3.8: NASA SP-509 Space resources. Volume 3: Materials. (1992). [pdf] NASA, p113. Available at: http://www.ntrs.gov [Accessed 24 Jul. 2019].

Figure 3.9: NASA SP-509 Space resources. Volume 3: Materials. (1992). [pdf] NASA, p122. Available at: http://www.ntrs.gov [Accessed 24 Jul. 2019].

Figure 3.10: Conceptual design of equipment to excavate and transport regolith from the lunar maria. Final Design Report. (1992). [pdf] NASA, p.30. Available at: http://www.ntrs.gov [Accessed 24 Jul. 2019].

Figure 3.11: Conceptual design of equipment to excavate and transportregolith from the lunar maria. Final Design Report. (1992). [pdf] NASA, p.36. Available at: http://www.ntrs.gov [Accessed 24 Jul. 2019].

Figure 3.12: Conceptual design of equipment to excavate and transport regolith from the lunar maria. Final Design Report. (1992). [pdf] NASA, p.37. Available at: http://www.ntrs.gov [Accessed 24 Jul. 2019].

Figure 3.13: Conceptual design of equipment to excavate and transport regolith from the lunar maria. Final Design Report. (1992). [pdf] NASA, p.38. Available at: http://www.ntrs.gov [Accessed 24 Jul. 2019].

Figure 3.14: Conceptual design of equipment to excavate and transport regolith from the lunar maria. Final Design Report. (1992). [pdf] NASA, p.39. Available at: http://www.ntrs.gov [Accessed 24 Jul. 2019].

Figure 3.15: NASA SP-509 Space resources. Volume 3: Materials. (1992). [pdf] NASA, p87. Available at: http://www.ntrs.gov [Accessed 24 Jul. 2019].

Figure 3.16: NASA SP-509 Space resources. Volume 3: Materials. (1992). [pdf] NASA, p146. Available at: http://www.ntrs.gov [Accessed 24 Jul. 2019].

Figure 3.17: NASA SP-509 Space resources. Volume 3: Materials. (1992). [pdf] NASA, p135. Available at: http://www.ntrs.gov [Accessed 24 Jul. 2019].

Figure 3.18: Serchel, J. (2015). *Asteroid Provided In-Situ Supplies (APIS). NIAC Phase I Final Report.* [pdf] NASA, p.23. Available at: https://www.nasa.gov/directorates/spacetech/niac/NIAC_funded_studies.html [Accessed 24 Jul. 2019].

Figure 3.19: Serchel, J. (2015). *Asteroid Provided In-Situ Supplies (APIS). NIAC Phase I Final Report.* [pdf] NASA, p.63. Available at: https://www.nasa.gov/directorates/spacetech/niac/NIAC_funded_studies.html [Accessed 24 Jul. 2019].

Figure 3.20: Serchel, J. (2017). *Stepping Stones: Economic Analysis of Space Transportation Supplied from NEO Resources*. [pdf] p.14. Available at: http://spaceref.biz/commercial-space/report-stepping-stones-economic-analysis-of-spacetransportation-supplied-from-neo-resources.html [Accessed 24 Jul. 2019].

Figure 3.21: Cohen, M. (2014). *Robotic Asteroid Prospector (RAP) Staged from L-1: Start of the Deep Space Economy*. [pdf] NASA, p.66. Available at: https://www.nasa.gov/directorates/spacetech/niac/2012_Phase_I_Robotic_Asteroid_Prospector.html [Accessed 24 Jul. 2019].

Figure 3.22: Cohen, M. (2014). *Robotic Asteroid Prospector(RAP) Staged from L-1: Start of the Deep Space Economy*. [pdf] NASA, p.72. Available at: https://www.nasa.gov/directorates/spacetech/niac/2012_Phase_I_Robotic_Asteroid_Prospector.html [Accessed 24 Jul. 2019].

Figure 3.23: Cohen, M. (2014). *Robotic Asteroid Prospector (RAP) Staged from L-1: Start of the Deep Space Economy*. [pdf] NASA, p.66. Available at: https://www.nasa.gov/directorates/spacetech/niac/2012_Phase_I_Robotic_Asteroid_Prospector.html [Accessed 24 Jul. 2019].

第4章
空间资源处理

4.1 空间资源选矿

在第3章介绍了选矿是对从采矿场提取的原材料进行加工制造的基础。因此，任何设想发展空间采矿能力的计划，都必须在开展加工与制造设备的任务分析和设计中考虑到选矿这项基本需求。想想当小行星撞击到月球表面时会发生什么？大量的动能以冲击波的形式撞击到目标天体的表面。根据撞击的质量和速度，以及目标天体表面的地质情况，冲击波可能产生足够的热能来熔化局部表面。熔融材料的液滴将从受撞击的位置径直向上喷射，并被重力再次拉回。着陆时，它们会与接触到的物质熔合，迅速冷却，并在表面留下复杂的矿物结构，即凝集物。这些只不过是随机表面颗粒的集合，这些颗粒与被撞击后熔化的玻璃（也称为撞击玻璃珠）①凝结在一起。因此，即使凝集物可能含有一种或多种感兴趣的资源，提取它们也可能是不切实际的，除非它

知识链接：

① 撞击玻璃珠是太空中的陨石、小行星等撞击月球后熔融月表的土壤和岩石，熔体溅射形成液滴冷却后形成的。它们有的内部成分单一，有的含有气泡、金属、硫化物等不同成分。"嫦娥五号"和"阿波罗"任务中返回的月壤样本中均含有岩石、矿物碎片、火山玻璃珠、撞击玻璃珠等不同成分。

们能够在精炼过程中采用简单的方法提取出来。

在第 2 章中我们了解到,工业上可行的矿物(或矿体)的自然富集是分异过程的结果,如地壳矿物的水富集、岩石的表面风化、火成岩①的高级分异和地壳板块构造的再循环。月球上缺乏存在这些过程的证据,而大多数小行星上发现的证据更少②。因此,再次证明有必要进行选矿,将原材料还原为适合收集的高效化学资源的颗粒状凝聚物。

空间作业的复杂性说明了为矿物选矿的必要性,特别是在评估这种作业的空间后勤模式时。正如将在第 7 章中将要介绍的那样,可以设想这样一种模式:在月球上开采原材料,然后在轨道的工厂制造出可供地球消费的商品。考虑到将有效载荷从月球表面运输到轨道所需的推进剂成本,最好将不可用材料的比例降至最低。因此,选矿只允许将经过精炼后的材料运入轨道。正如将在本章后面所讲到的,几种资源利用过程需要添加一种或多种试剂,从月球或小行星物质中制造出氧气、金属和其他资源。将原材料处理成细团块(agglomerate)可以最大限度地减少所需使用的试剂,以及将其转运至轨道加工厂所需消耗的推进剂。确实,处理已经精选出的细团块可使回收试剂变得容易,因为只需从试剂中去除较少的不需要的残余材料。

4.2 月球选矿

当前的现实世界中并不存在月球采矿业,因此被迫再次考虑在地球上使用的流程和设备,是如何适应月球及空间环境的?第 3 章介绍了矿物选矿是从破碎、筛分和研磨开始,直到产生细颗粒团块,月球上缺少空气和水并不会对这些过程产生不利影响。

知识链接:

① 火成岩是在岩浆或熔岩冷却凝固时形成的。

② 月球是经历了一个分异过程,形成了包裹地幔和核的表层地壳。而分异的小行星,如石铁型和铁型,确实有特定矿物的优先浓度,要么是因为它们是一个大得多的分异小行星的碎片,要么是因为与另一颗小行星撞击的能量产生了足够的热能来触发分异过程。

它们可以在"干"或"湿"条件下进行,尽管"干"处理意味着更大的设备磨损、更大的功耗和更少的容量。这也意味着更高的成本,因为必须在地外天体表面上运输(或制造)更多的质量,并且必须更频繁地维修维护。应设法采用有助于减轻这些负担的采矿新方法。

一种解决方案是在岩石中引入热冲击,使其更易碎,从而更容易、更快地粉碎成细颗粒团块。这可通过强大的激光束进行照射,或者通过光学采矿,将材料暴露在高温下,然后用低温液体(如液氧)进行喷淋来实现低温。导致的瞬间冷却将对原本高温的岩石材料中特有的强化学键造成严重破坏,使其碎裂。这些方法中的任何一种都可用在开采过程中,或者与主要采矿设备协同工作,或者作为采矿开采过程本身。如果在与采矿现场不同的地点作业,则可在原材料开采后使用。考虑到循环使用液体的需要,使用低温氧气最适合作为独立的选矿工艺,而不是作为材料提取的辅助手段。它不适合在暴露的星表上使用,因为液体会迅速闪蒸成气体并逸出。激光束或光学采矿方法既适用于地外天体表面开采,也适用于地下开采。存在的主要困难是需提供持续、可靠的能源。在长达两周的月夜里,需要太阳光的光学采矿是不可能的,除非在极区陨石坑的边缘进行,那里每年除了几天外都有持续的阳光照射。对于地下采矿,必须有精心设计的镜子/透镜系统,将太阳光直接反射到采掘面上①。

另外,产生强大的激光束同样需要强大的能源,这意味着需要跨越到核能和重型电缆的领域。第7章将介绍民用核能生产的一些最新进展,并研究它们如何能够支持核能在空间任务中的应用。

知识链接:

① 这将类似于印第安纳琼斯风格的"失落的寺庙"中的典型的镜子和镜头装置。

即使这些工艺中的一些方法只能用于岩石的初步破碎,它们也会大大改善矿物选矿的状况。在这种情况下,由于减少了对液体的需求,使用"湿"处理进行后续的破碎、筛选和研磨是可行的①。

一旦获得了细颗粒团块,下一步就是集中开展有效资源处理的精选过程。换句话说,需要区分有价值的资源微粒和废物。在地球上,这主要是使用水和空气作为介质,利用微粒密度的差异来实现的。水和空气在月球上是稀缺的物质,其中水还可以作为火箭的化学推进剂。此外,人类可以开发出更具吸引力的矿物精选替代方法,如基于重力、磁力和静电学的方法。让我们从最后一个方法开始。

一般而言,静电分离涉及外部电场和颗粒(如风化层的颗粒)携带的电荷间的相互作用。这可以通过使用三种选择性起电过程来实现,即摩擦起电、传导感应和来自空间真空中的加热阴极的电轰击与传导放电相结合的方式。摩擦起电产生带正电和带负电的粒子,而其他起电过程只产生一种极性的粒子。由于月球风化层的平均粒径为 45～100μm,它的粉末状性质最适合采用静电分离技术。事实上,它在月球上自然发生。光学观测和直接测量都表明,月尘是通过自然发生的静电力在月球表面进行迁移,尽管这种运动效率相当低。工业规模的静电分离是理想的,低温且低重力的月球环境缺乏大气也就意味着缺乏水分。这不仅可以防止材料颗粒黏结在一起,还可以消除空气的介电(绝缘)行为,从而能够在电极之间施加更高的电压。低重力将降低颗粒的运动速度,从而允许通过更长的充电时间来增强分离效果(图 4.1)。

> 知识链接:
>
> ①水是月球所能提供的最重要的资源之一,在后面还将研究获取水的技术。因此,湿法选矿在一定程度上是可能的。当然,用于选矿的水越少越好。应该追求新型选矿技术,通过使用尽可能少的水来改善干法工艺的低效率。

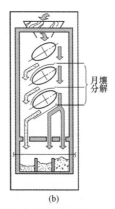

(a) (b)

图 4.1 月球表面上设想的分离器示意图

注:顶部的聚光镜可将太阳光聚焦到月壤上,通过加热到约 100℃的高温来增强钛铁矿的导电性。箭头显示了在电极的作用下月壤是如何分离的(此处显示为椭圆),最终的结果是非导电材料(如细团块)聚集在最右边,而导电和半导电材料(如钛铁矿)聚集在最左边。

(图片源自:Figure 4.1)

例如,考虑采用静电分离方法将钛铁矿从细团块中分离出来。由于两者在其配方中都包含铁,因此通过磁性方法分离将不起作用。但在电场中,钛铁矿的行为类似于半导体,而细团块则充当绝缘体。这种显著的电行为差异可以通过静电学效应来收集钛铁矿。人们可以想象一个垂直自由落体的塔,从顶部注入月壤。当颗粒落下时,塔结构中的高压电极使它们在下落方向上受到电场梯度的作用。电极的精确定位与自由落体运动相结合,将允许钛铁矿与非导电的细团块分开收集。为了提高效率和加速该过程,特别是在低重力环境下,可以在将其倒入塔中之前,先将原材料加热到 100℃的高温来增强钛铁矿上的电荷,加热不会影响细团块。这种增强的电导率将提高钛铁矿与其余材料的分离效率。

由于月壤与天然存在的铁/镍金属颗粒结合在一起,磁性选矿将是另一种可选的方案。可采取与静电分离塔的电极类似的方式使用低磁场梯度,目的是将具有类似磁场强度的颗粒收集在一起,通过磁场和静电分离的共同作用来提高效率。例如,可以首先使用磁性选矿将金属颗粒与钛铁矿和其他月壤组分分离;然后静电分离可以筛选出可能与金属颗粒分离的细团块,这将精炼出所需的钛铁矿和金属元素。可以在不同的阶段使用静电和磁场分离方法,以实现最佳的分选和收集,如图 4.2 所示。

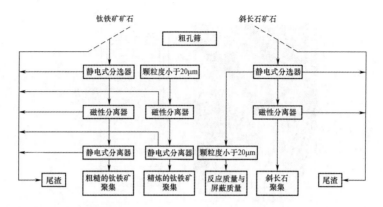

图 4.2　使用静电和磁场分离以实现最佳分选和收集过程的示意图(图片源自:Figure 4.2)

4.3　小行星资源选矿

选矿也同样适用于从小行星中提取原材料。在这种情况下,它可能发生在采矿探测器离开小行星之前;或者如果目标是将整个小行星拖向地球,则可能发生在转运期间。第三种选择需要等待,直到小行星被送到轨道加工厂。首选方案是进行原位选矿,因为返回较小的质量将能最大限度地减少返程所需的推进剂。正如第 3 章所述,在离开之前或在运输过程中初步选矿分离出来的废料,可用作火箭或质量驱动型火箭(mass driver-typer rocket)的推进剂①。对于破碎和分级,可以使用装有用于粗碎的摆动颚板和用于细碎的一系列辊子的旋转圆筒。通过以径向模式放置破碎后原料,圆筒的旋转将产生从轮毂(输入)到轮缘(输出)的离心加速度,在那里可以收集平均颗粒度为 0.2mm 的细粉,这对于金属提取是理想的,如图 4.3 所示。在这一点上,金属颗粒和挥发物(如水、二氧化碳和甲烷)可各自经历不同的分离过程。

知识链接:

①　质量驱动火箭发动机是通过电磁弹射器排出材料碎片来产生推力,利用对电磁弹射器线圈的反作用力推动探测器前进,也称为反物质推进发动机。

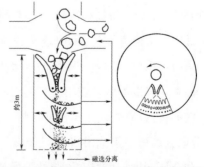

图 4.3　设想中的小行星材料破碎机示意图(图片来源:Figure 4.3)
注:使用直径为 3m、转速为 10r/min 的滚筒

可以通过将粉碎的材料加热到适合于所需资源的温度来收集挥发物。水将在接近100℃时开始蒸发,并持续到约400°C。二氧化碳是由碳氢化合物进行分解,以及元素碳与氧化物的反应产生的。碳氢化合物在100~700℃的温度范围内分解或挥发,释放出各种化合物,如甲烷和石油蒸气。一种可能的收集方案是在聚光镜的焦点上放置一个热交换器。材料将在热交换器中停留达到适当温度所需的时间;然后,旋风分离器(类似于地板吸尘器)将灰尘从挥发物中分离出来(因为灰尘会迅速沉降到弯曲管道的外壁),挥发物将进入遮光热交换器进行冷凝并储存在储罐中,如图4.4所示。该系统有明显缺点:需要大型的聚光镜和设备,以及一个大型散热器来散发冷凝产生的热量。正如在第3章中介绍的APIS和RAP探测器一样,柔性充气展开技术有助于实现低成本和体积小(就发射和飞行过程所占空间而言)的特点,可能会有很大的帮助。对于冷凝挥发物的热交换器,双冷凝器可能是优选方案。第一贮箱将在接近250K的热力学温度下运行,并沉淀大部分水和烃。第二贮箱的温度将升高100K,并在稍高的压力下运行,以冷凝剩余的水和二氧化碳蒸气。灰尘可以被压入模具中,以制造出合理的固体颗粒,供反物质推进发动机(reaction mass engine)使用,正如在APIS探测器所采用的多种类型推进系统中的那样。

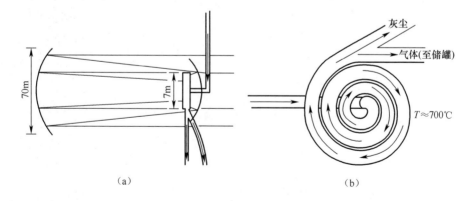

图4.4 用于从小行星物质中提取挥发物的预期高温装置示意图
(a)位于聚光镜焦点处的热交换器;(b)将挥发物从灰尘中分离出来的旋风分离器。
(图片源自:Figure 4.4)

为了提取和去除金属物质,低压气体可以通过磁场或电场输送粉碎的材料,其中分选方式可以类似于前面讲到的月球材料的磁场和静电分离的方式进行。收集部分(由金属和砂组成)将输送到贮箱,如图4.5所示。进一步的处理和资源回收可能会在位于目的地的加工厂进行,因为将该设备运送到小行星并返回是不明智的。

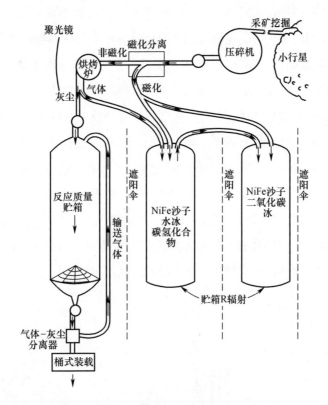

图4.5 小行星采矿初步选矿设备布局示意图(图片源自:Figure 4.5)

4.4 空间资源的精炼

随着月球或小行星原材料被加工到适当大小的细团块,下一步任务就是提取出在第2章中介绍过的资源。技术性参考文献已经为可能采用的制造工艺提供了许多建议,并且已经有许多使用模拟物做过的实验。本书的目的不是综述现有的文献,我们只探讨几个具有代表性的例子。

一般而言,开发收集资源的方法必须考虑到太空中的低重力、高真空环境以及有限供应的水、空气和化学试剂等限制因素。设备不仅必须能够在化学反应等侵蚀性环境中生存,而且必须能够在恶劣的太空环境中生存。理想情况下,收集的过程将需要使用最少的化学试剂和氧化剂,最大限度地减少它们的损失,并最大程度地回收它们。

4.4.1 聚变火炬

来自聚变设施的等离子体可以用作火炬(fusion torch),通过蒸发和电离作用来挖掘岩石。电离的矿石将以与质谱仪类似的方式通过横向电场,根据原子质量和电荷量的区别,离子将分流到特定的路径。这种相当简单的方法将跳过选矿过程,形成分离后的原材料流,以备浓缩、收集和固化(用于运输)或进一步提纯(如有必要)。这样的系统具有令人羡慕的优点而且基本上100%有效,这是因为直接从反应器中引出了等离子体,无需转化循环。唯一的缺点是由于用于冷却的水的质量不够,需要使用将热量散发到太空的大型散热器。聚变火炬可以设计成熔化而不是蒸发岩石,然后,电场或磁场可以从熔体中分离出组分。事实上,实验表明,在熔融状态比在固体状态下物质的分离速率快得多。考虑到月球上的物质主要是二氧化硅,熔化反应主要发生在1500~2500℃的温度范围内。因此,采用这种方法的开发和操作都很简单。

4.4.2 太阳能炉

太阳能炉可从熔融材料中分离出部分元素,这仅仅是基于它们的挥发性。它们可被加热到3500℃。将典型的月岩加热到2000℃,将会看到钠和钾蒸发,然后是硅和铁,剩余物是钙、铝、镁和钛的混合物,进一步加工还可以提取出这些金属。强烈推荐将太阳能炉用于空间任务应用,因为它们简单并且可以产生足够的高温和加热速率。月球或近地轨道上每平方米的太阳能收集器可以提供大约1kW的热能。一个$30m^2$的反射器,质量只有几千克就可以收集超过1MW的太阳能。如果采用太阳能电池板提供同样的能量,它们覆盖的面积将是原来的5倍。当然,需要有设备来调节这种能量。如果必须产生兆瓦量级的能量,那么使用其他办法而不是太阳能电池板的效果会更好。然而,这种方法在月球表面和处理小行星原材料的轨道工厂中同样有效。

我们可以设想有一种设施,能将颗粒状原材料从料斗运送到多室炉中,该多室炉从料斗位置旋转到太阳能聚光器的焦点。当炉子旋转时,原料室将被密封以防止提取的气体逸出。来自太阳能聚光器的光束通过窗口进入原料室,使用热能蒸发并离解(电离)蒸气以产生等离子体。然后,类似于在聚变火炬中使用的静电分离器可以根据电离物质的质量和电荷数量,来控制和分离电离物质。如果原材料中富氧,则静电场不会影响中性氧[a]。它可以继续向下游流动,进行液化并储存到贮箱(根据需要,可以是刚性的或可充气的)中,这些贮箱可以遮挡阳光并屏蔽微流星体的撞击。如果留下任何残余物(熔渣),可将其移除以进行进一步处理或倾倒(视情况而定),如图 4.6 所示。尽管该方法是需要高耗能的,但通过采用太阳能聚光器的有效设计、从炉渣回收热量,以及使用加工厂的其他装置的废热来预热原料等措施都可以降低对能量的总需求。

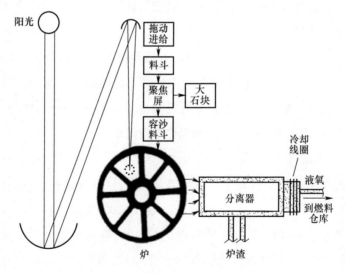

图 4.6　太阳能炉设施概念性示意图

(图片源自:Figure 4.6)

4.4.3　真空分馏和差熔

分馏是一种成熟的地球上使用的工艺,广泛应用于炼油、石化和化工厂,以

---

[a]　氧不会电离,因此不会被静电场捕获。

及天然气加工和化学工业等。典型的核心设备是分馏塔或蒸馏塔(fractional or distillation tower)。这是一个高的垂直塔,其中液体和蒸汽紧密接触,以便在两相之间进行有效的质量转换。一般来说,分馏或蒸馏都是一种物理过程,通过利用混合物组分的挥发性差异,再将混合物分离成其不同的组分。

在塔底部再沸器(reboiler)里的液态化学物质被加热至沸腾,可以充当热交换物质。蒸汽向上流向塔的顶部,并在此过程中经历热梯度,其中温度随着与再沸器的距离增大而降低。当蒸汽从底部上升时,热梯度促使不易挥发的组分冷凝,留下最易挥发的组分继续上升到顶部。蒸汽冷凝发生在沿着塔的长度方向布置的多孔塔盘(perforated trays,也称为筛板塔盘 sieve tray plates)上。托盘可以保留 10~20cm 深的液体。蒸汽从盘子的沸腾液体向上流动,防止液体通过孔发生渗漏。当蒸汽在液体池中冒泡时,它会冷凝,释放出热量,使等量的液体蒸发。当该蒸汽上升时,它会在下一个盘里冒泡。在任何给定塔盘处的液位均取决于盘缘或盘边的高度,任何溢出物都会通过一个通道(称为下水管,downcomer)溢出,该通道将液体送回到正下方的塔盘,并设计为防止液体流回到原来的塔盘。每个塔盘上的液体均以特定物质组成为特征,实际上是分离出进入蒸馏塔中混合物的各个组分物质。

待蒸馏的原料(液态)在其液体与该组成匹配的塔盘处引入塔中。液体沿塔盘下降,直至到达塔底,在塔底被再沸器加热。塔盘与塔盘之间的热传递导致沸点最低的液体蒸发并沿塔向上流动,而其余液体则沿塔向下逆流流动。因此,通过分离具有不同沸点的组分可以实现提纯。绝热是关键,因为蒸发板上的液体能量是从冷凝蒸汽中获得的。任何热损失都会阻碍液相和气相之间的相互转换。

在塔的顶部是塔顶冷凝器(overhead condenser),将收集的蒸汽流出物转化为液体,产生的热量被释放到环境中。该液体的一部分作为"头部"产品流出,剩余部分作为回流返回塔顶。在蒸馏过程的设计中,返回和流出的液体量之间的比率是一个重要的参数,因为它更完整地表征分馏产品的比率。正如回流液从塔的顶部加入,落到底部提供了冷凝向上流动的蒸汽所需的冷却,从而提高了塔的效率。蒸馏塔还具有沿其长度的出口,用来提取从原始原料中蒸馏的特定化学物质。这些出口位于多孔塔盘上,该塔盘上的液体包含所需的组分,如图 4.7 和图 4.8 所示。

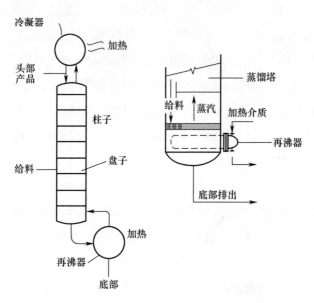

图 4.7　蒸馏塔结构示意图(图片来源:Figure 4.7)

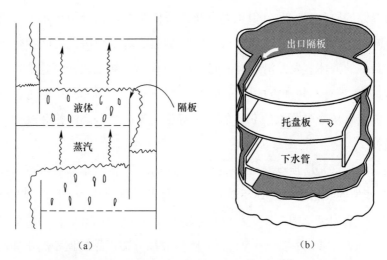

图 4.8　带筛板塔盘的蒸馏塔和塔内的塔板位置示意图(图片来源:Figure 4.8)

考虑到可以利用低重力和低温,这一过程可以很容易地转化应用到月球上。事实上,塔顶冷凝器的最低温度决定了塔的内部压力。在月球环境中,这将对应于塔内所期望的最低压力。通过空间辐射,可直接将塔内的温度降低到低温水平,以达到接近真空的条件,这将有助于降低沸点和提高蒸发速率。一旦开采的矿物被蒸发,那些感兴趣的组分将被冷凝和回收。不需要的矿物蒸汽将被简单地排放到月球真空中。

从表面上看,分馏是少数几个可以用于月球的地球冶炼工艺之一,只需进行简单的修改以适应低重力环境。它使用的设备是众所周知的,并且对损坏或不正确的操作具有一定容错性。它依赖产生大量的热量,而不是轴和电力。在月球上,热量可以很容易通过聚焦太阳能、核能或简单地利用加工厂或前哨基地产生的废热来获得。这样,可为加工设备节省电能。该工艺也适用于提炼小行星材料的轨道加工厂,前提是加工厂的部分结构能够旋转以产生必要的重力场。

一种类似并且更简单的方法是差熔。这是一种多步骤工艺,需在较高温度下连续加热矿石混合物,以允许单种矿物的熔化和分离,基本原理是每种矿物都有自己熔点。对于给定的温度,只有特定的矿物才会熔化。通过重复该过程,可以从混合物中分离出不同的矿物组分。但这不如分馏方法有效,因为单种矿物熔体将不可避免地被部分熔化的其他矿物污染。

4.4.4 制备水和氧

毫无疑问,在月球上开采的首批资源之一将是水,因为它在制备低温推进剂(氢和氧)过程中扮演独一无二的角色,即它本身就是一种推进剂,也是选矿和精炼过程的一部分,更是人类在地外前哨基地生存的基本需求。正如在第2章中所述,"克莱门汀"(Clementine)号探测器、月球勘测轨道飞行器(Lunar reconnaissance orbiter, LRO)和月球陨石坑观测与遥感卫星(Lunar crater observation and sensing satellite, LCROSS)等轨道飞行器的观测提供了充分的证据,证明在月球极区的陨石坑中存在水冰,这些陨石坑的底部处于永久阴影区

知识链接：

① 通常从物理学上理解，在月球的任何光照区域都没有游离态的水。事实上，空间的真空和表面持续14天的强烈加热，迫使任何月壤中的水都升华，并永久逃离低重力的月球环境。

中①。月球南极有 6000~15000km² 的面积含有水，北极的含水表面较少，但其丰度更高。由于这些地区的温度可能永远不会超过 100K，因此这些水很可能已经积累了数十亿年。

至少在概念上水的制备是相当简单的，制备它的方法只需采用足够的机械设备进行挖掘，然后将挖掘物运输到提取工厂，在那里将月壤加热以蒸发其水分。这些水蒸气可以凝结成冰块，然后融化储存在贮箱中。装满水的贮箱可以转移到位于阴影区陨石坑边缘附近的水电解站，利用收集到的太阳能可将水电解为氢气和氧气。核能是太阳光的替代品。事实上，利用核能效果可能会更好，因为月球上任何地方都有短暂的黑暗时期。

在月球上的其他区域，氧气可从风化层中提取，如果需要制备用于航天器的推进剂，它可以与从地球上带来的氢气结合使用。氢氧结合反应的另一种过程是通过氢还原系统，该系统基于还原在月表风化层中发现的金属氧化物，如富含铁的钛铁矿、橄榄石、辉石和玻璃，如图 4.9 所示。该方法采用在高温（1200~1300K）下加热充满气态氢的风化层原料，以从氧化物中释放出氧，释放出的氧气与氢气相结合生成水，通过电解水可以分解成氧气和氢气，氢气被送到冷凝器以除去残留的水，再将水送到电解槽，然后将干燥的氢气再循环至反应器。在这个过程中会损失一些氢，但它可以被回收，至少是部分回收。通过释放风化层内由太阳风带来的氢，氧气进行了干燥，最后被液化并被送到贮箱。就能量而言，加热风化层和电解水都是高耗能的。

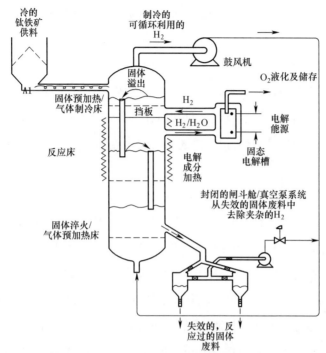

图 4.9 通过氢还原法从钛铁矿制氧的原理示意图（图片来源：Figure 4.9）

太阳能炉足以加热风化层,但水的分解需要核反应堆或大规模的太阳能电池板。该过程还会留下富含金属的混合物,可以对混合物进行处理以回收这些金属元素。例如,对于每个释放出的氧原子,钛铁矿分子也可释放出相应的金属铁和二氧化钛,后者以称为金红石(rutile)的矿物形式存在[①]。

如果使用碳质高温(也称为碳热)还原工艺,富含硅酸盐的风化层将是另一种氧源。将风化层原料放置在充满甲烷的反应室中。一束集中的太阳光能将风化层熔化,温度足以将甲烷分解成碳和氢。当氢气停留在反应室内时,碳扩散到熔融的风化层中,并还原熔体中的氧化物,转化为一氧化碳。一氧化碳和氢气都将从该反应室中泵出并会集到催化反应

知识链接：

① 金红石的主要组成是二氧化钛,并且是 TiO_2 的最常见的天然形式。TiO_2 的其他稀有多晶型物是已知的,包括锐钛矿、赤铁矿和板钛矿。天然金红石可能含有高达 10% 的铁以及大量的铌和钽。金红石得名于拉丁 rutilus,红色,是指在透射光下观察到的一些标本中的深红色。金红石在任何已知晶体的可见光波长处具有最高的折射率之一,并且还具有特别大的双折射和高色散。由于这些特性,可用于制造某些光学元件,尤其是偏振光学元件,以用于更长的可见光和红外波长,最高可达约 4.5μm。

器中以产生水和甲烷。前者被输送到通常的电解反应器中,后者返回到反应室。在反应室中,通过加热新的原料或新的风化层,可以再次开始碳热还原过程。来自电解过程的氧气和氢气需要进行干燥,因为它们是以气态形式产生的,并且不可避免地含有一些水。干燥的氢气被送回催化反应器,在那里与一氧化碳结合,然后将干燥的氧气液化并储存。虽然从材料、热、光学和化学的角度来看,该工艺极具挑战性,但碳热还原法的优点同样可用于生产硅、铁和陶瓷材料。

另一种月壤制氧的方法是采用熔融电解法。顾名思义,电解过程是在熔炉中已熔化的月壤里进行的,而不是在水中进行的。阴极将吸附富含铁的金属合金,阳极将释放气态氧,可被液化和储存。可除去附着在阴极上的残余物,并进一步提取铁、铬、锰、钛、硅等具有经济和工业价值的元素,如图4.10所示。这个方案同样需要使用大量的能源,因此,它必须依靠核能或太阳能供电。与氢还原法相比,熔融电解法更耗能,通常需在更高温度下进行,而且它需要处理熔化后的月壤残渣,它的制氧效率较低。此外,可以通过真空分馏或等离子体火炬从阴极积聚的金属和硅等残渣中,提取出有价值的物质。

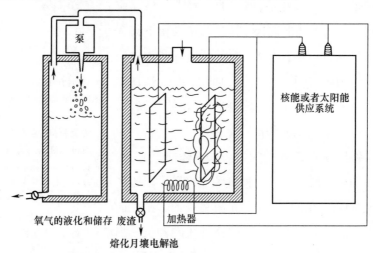

图4.10　月壤熔融电解过程示意图(图片来源:Figure 4.10)

注:在阳极(左边)氧气如何离开电池进行液化和储存,而富含铁、钛、镁和铬的残留物如何积聚在阴极(右边)的表面。

4.4.5 金属冶炼

冶金学是一门可以经济地浓缩、提取、精炼、制造金属与合金的艺术和科学,已有数千年的历史。随着经验的积累,金属冶炼发展为火法冶金、电冶金和湿法冶金等。这些方法都依赖不同的动力或机制将金属化合物还原为纯金属形式。

火法冶金是使用高温进行化学反应。其缺点是需要大量的能源来产生高温,以及需要能够承受热应力的容器。电冶金是基于电驱动力的,正如在本书第3章中曾介绍到的铝精炼。湿法冶金依赖某些矿物在水溶液(如硫酸)中的溶解度,一旦溶解,金属的离子可以通过低温电解、沉淀、化学还原离子交换或溶剂提取得到。很明显,太空冶金工艺将主要依赖前两种类型,因为获取可用于熔炉和发电厂的太阳能更容易,而获取水相对较难。

月球上的金属制备可以使用气态羰基(Mond)方法,这是路德维希·蒙德(Ludwig Mond)发明的一种提纯铁合金的工艺——气态羰基工艺。事实上,将一氧化碳气体加热到100~200℃,并在10~100atm 的压力范围内引入,与月壤中的金属(金属铁、镍和其他金属)发生反应,生成通用名称为羰基的气态化合物。羰基化合物可在室温下液化,其蒸气压与水蒸气压相近。通过在常压和200~300℃的温度下,蒸馏或选择性分解气态羰基化合物,可以获得极纯的铁和镍,分解过程中释放的一氧化碳可以回收利用。仅用此法就可获得高达99.97%纯度。这是一个简单的过程,只需要适量的能量,因为它需要在不高于120℃的温度下加热以挥发出金属,在300℃温度下加热以沉积金属。此外,由于主要反应物是气态形式,因此再循环和再利用在该方法中所用的热量相当简单。Mond方法在应用于自然金属而不是矿石或复杂矿物时效果最好。含有不到10%杂质的纯铁可以通过磁耙(magnetic rake)在月球表面犁地的方式来收集。该方法还可进一步用在钛铁矿的氢还原法中提取制氧后的剩余物。在这种情况下,铁可以在单一过程中获得,留下纯二氧化钛(TiO_2)作为副产物,这是生产钛的良好起点。在电解过程中积聚在阴极上的熔融硅酸盐的残余物,也可用这种方式来提炼铁、锰、铬、镍和钴。此外,根据月壤的组成不同,钛或硅可以进一步处理。

另一种提炼铁和钛的方法是在800℃下,在流化床反应器中使钛铁矿与碳和氯反应,也称为碳热氯化(Carbschlorination)反应,结果是生成气态氯化铁($FeCl_3$)、一氧化碳(CO)和二氧化钛(TiO_2)。将氯化铁气体进行冷凝,然后在300~350℃下,在第二流化床中和氧气反应产生三氧化二铁(Fe_2O_3)。然后在低于1000℃的温度下用碳或氢气还原,以生产低碳钢或纯铁。形成的CO或H_2O被再循环以提取氧气。另一种方法是在700℃下用氢气直接将氯化铁还原为金属铁,再对二氧化钛进行处理以提取出金属钛。由于钛形成的高度稳定的氧化物,它不易被碳或氢还原,可用金属钙还原。人们已经开发了一种用于这种还原的工艺方法,在925~950℃温度下将颗粒状的二氧化钛和钙金属粉末加热数小时。通过酸浸(乙酸浴),一氧化钙(CaO)最先溶解,缺点是酸和水必须循环使用。通过从钙长石($CaAl_2Si_2O_8$)中提取铝,以获得金属钙。图4.11为从钛铁矿中加工铁和钛的流程图。

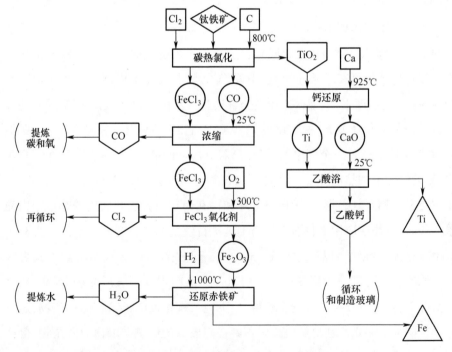

图4.11 从钛铁矿中加工铁和钛的流程图(图片来源:Figure 4.11)

由于钙长石含有丰富的铝元素,可以将硅还原产生三氧化二铝(Al_2O_3),还可进一步电解分解出氧和金属铝。部分铝返回到硅还原阶段参与反应,该反应还可产生适于铸造成结构梁的铝硅合金。该方法提供了能够以低熔点获得硅、铝以及铝硅合金的方法。此外,如果在月球高地选择合适的地点,它可用大部分月壤或岩石作为原料。但缺点是它需要考虑原料选矿,以去除大部分富铁矿物。此外,它还需要不会溶解在熔剂中的惰性电极。然而,这项技术可以大量借鉴地球上的铝生产工业。图4.12为从月球钙长石中提取氧、铝和钙的过程示意图。

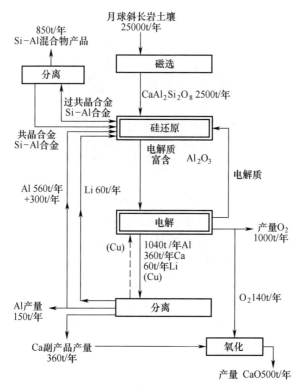

图 4.12　从月球钙长石中提取氧、铝和钙的过程示意图(图片来源:Figure 4.12)

无论是未经选矿的矿石还是机械还原成粉末的矿石,双极电解池都可以用作从月球矿石中提炼氧气和金属的容器。矿石被送入电解池,电流从终端阳极通过多个双极板流向终端阴极。每个双极板的上表面用作阴极,下表面用作阳极。三氧化二铝(Al_2O_3)、二氧化硅(SiO_2)、氧化亚铁(FeO)和二氧化钛(TiO_2)在每个阳极处电解产生氧气,在每个阴极处的电解产生铝、硅、铁、钛等金属。氧气从每个阳极通过电解质上升,以提供电解质的循环,然后从顶部离开电解池。沉淀在底部的金属合金被定期取出,并被送到提取各个元素的真空分馏的蒸馏器里。随着电解池中反应的进行,钙和镁在电解液中逐步积累。它们在被取出之后,将被送到另一个真空分馏的蒸馏器内,以提取出单一的金属矿物元素。图 4.13 为从月球矿石中获取氧气和金属的双极电解池示意图。

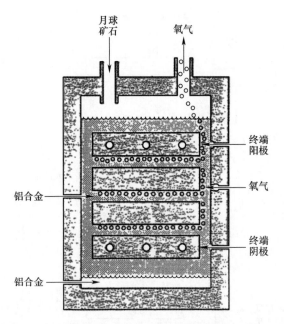

图 4.13　从月球矿石中获取氧气和金属的双极电解池示意图(图片来源:Figure 4.13)

在技术性参考文献中另一种常用的金属提取方法是用氢氟酸(Hydrofluoric,HF)浸析提取。低温水化学反应通过将原料中的二氧化硅转化为氟化物和氟硅酸盐,从而分离出矿物中的金属氧化物中的二氧化硅。蒸发硅石(如 SiF_4)可以留下钙、铝、铁、镁和钛的氟基盐。随后进行各种溶解、沉淀、离子交换和电解步骤,可以分离出单独的盐,它们中的每一种都可以用钠还原成纯金属形式。该工艺可适用于其他潜在的月球矿物或精矿提炼过程,包括斜长石、辉石、橄榄石,甚至非硅酸盐,如钛铁矿和尖晶石。该方法的优点是不需要预先精选原料,因为可以使用氟化物和氟硅酸盐进行相关的分离。

HF浸析法已被证明是易于实现运行设备质量小、分离元素纯度高,以及对能量和排热需求最合理的最具潜力的方法,但是,氢氟酸是能够腐蚀容器和管道的强酸,很难找到与该方法相容的容器。第一种可以选择特殊的碳钢材料,已经开发出用于储存氟气的合金,它们形成了氟化铁保护层,极大地阻止了进一步的化学腐蚀。第二种选择是烃基蜡、石蜡或塑料,因为它们不会被HF附着。它们可用来涂覆在容器和管道的内表面。第三种选择是利用可能从月球表面获得的硫、磷和无机高分子聚合物,重新研发新的材料。图4.14为在月球上提取氧气和金属物质的系统组成设想图。

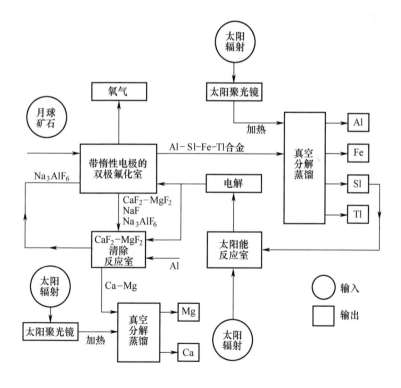

图4.14 在月球上提取氧气和金属物质的系统组成设想图(图片源自:Figure 4.14)

4.5 从小行星上提炼资源

在小行星上,可利用太阳能加热碳质球粒陨石中的黏土矿物(clay minerals)①来实现水的提取。太阳能反应炉足以将表面温度加热到200~300℃,然后用冷凝器收集并储存液态水。氧气也可以通过电解方法获得,析出的氢气可与氧气一起用作航天器的推进剂,或用作加工矿石原料的强力还原剂。氧气也可从钛铁矿中获得,但这个过程更耗能,从10t钛铁矿中提取1t氧气所需的能量是这种方法的10倍。而这种方法也可从5t碳质小行星中获得等量的氧气。同理,从钛铁矿中提取氧需要使用外部氢气作为还原剂。

铁、钴和铂族金属的提取可以使用Mond法。CI陨石中含有6%的有机物,主要以不挥发聚合物的形式存在,其中大部分是碳元素,但也有氮、氢和氧等元素。这些陨石中还含有40%的磁铁矿,这是一种分子式为Fe_3O_4的磁性矿物。如果使用氢(如从水的电解中得到)作为还原剂,磁铁矿可被还原成纯金属铁,同时可以提取出水作为有用的副产品。

聚变火炬和真空分馏也可用于小行星冶金,尽管后者必须提供一定程度的人工重力环境。将硅酸盐进行熔融电解也是另一种选择,可产生氧气和铁、镍、镁、硅、钙和铝等元素的混合物。此外,采用聚变火炬、真空分馏或差熔等方法可以进一步提取和分离矿石原料,从而提炼出单一的金属成分。

碳质球粒陨石有机物中的氮可通过氧化作用破坏不挥发聚合物来提取。它会产生一氧化碳、氮气、水蒸气和微量氧化硫的混合物。通过将水冷

知识链接:

① 黏土矿物:是地质学的专业术语,是组成黏土岩和土壤的主要矿物,它们是一些含铝、镁等为主的含水硅酸盐矿物,通常为层状结构,颗粒极细,一般小于0.01mm。黏土矿物这种地球上最常见的物质代表了最初的生命物质。2012年12月4日,NASA宣布"机遇"号火星车发现了火星存在黏土矿物的迹象,被视为蕴藏着有关火星大气的重要线索。

凝,这些气体都可被干燥,用热氢气(可能来自水的电解)处理,以产生甲烷、氮气和更多水的新混合物(该淡水来自氢气与干燥的一氧化碳的反应)。同时,水被冷凝,得到的氮气-甲烷混合物可被液化,随后使用蒸馏进行分离。甲烷是一种极好的推进剂,它可储存,易于液化和运输,并且密度比氢气大(因此需要较小的推进剂贮箱)。但是,它在能量方面不如氢。当然,氮也可用来维持生命,用于农业生产,或作为灭火剂。

参考文献

[1] Lewis, J. (2015). *Asteroid Mining 101. Wealth for the New Space Economy*. Deep Space Industries.

[2] Lewis, J. and Lewis, R. (1987). *Space Resources. Breaking the Bonds of Earth*. Columbia University Press.

[3] Lunar and Planetary Institute (1980). *Extraterrestrial materials processing and construction*. [online] NASA. Available at: http://www.ntrs.nasa.gov [Accessed 27 Jun. 2019].

[4] NASA (1973). *Feasibility of mining lunar resources for Earth use Volume 2*. [online] Available at: http://www.ntrs.nasa.gov [Accessed 27 Jun. 2019].

[5] NASA (1982). *Advanced Automation for Space Missions*. [online] NASA. Available at: http://www.ntrs.nasa.gov [Accessed 27 Jun. 2019].

[6] NASA (1992). *Lunar bases and space activities of the 21st century*. [online] NASA. Available at: http://www.ntrs.nasa.gov [Accessed 27 Jun. 2019].

[7] Rapp, D. (2008). *Human Missions to Mars. Enabling Technologies for Exploring the Red Planet*. 1st ed. Praxis Publishing.

[8] Space Resources. Materials. (1992). SP-509. [online] NASA. Available at: http://www.ntrs.nasa.gov [Accessed 27 Jun. 2019].

[9] Winter, R. (1991). *Distillation tray structural parameter study: Phase 1*. [online] NASA. Available at: http://www.ntrs.nasa.gov [Accessed 27 Jun. 2019].

图片链接

Figure 4.1: NASA SP-509 Space resources. Volume 3: Materials. (1992). [pdf] NASA, p172. Available at: http://www.ntrs.gov [Accessed 24 Jul. 2019].

Figure 4.2: NASA SP-428 Space Resources and Space Settlements. (1979). [pdf] NASA,

p. 289. Available at: http://www.ntrs.gov [Accessed 24 Jul. 2019].

Figure 4.3: NASA SP-428 Space Resources and Space Settlements. (1979). [pdf] NASA, p. 193. Available at: http://www.ntrs.gov [Accessed 24 Jul. 2019].

Figure 4.4: NASA SP-428 Space Resources and Space Settlements. (1979). [pdf] NASA, p. 193. Available at: http://www.ntrs.gov [Accessed 24 Jul. 2019].

Figure 4.5: NASA SP-428 Space Resources and Space Settlements. (1979). [pdf] NASA, p. 192. Available at: http://www.ntrs.gov [Accessed 24 Jul. 2019].

Figure 4.6: NASA SP-509 Space resources. Volume 3: Materials. (1992). [pdf] NASA, p227. Available at: http://www.ntrs.gov [Accessed 24 Jul. 2019].

Figure 4.7: Lunar bases and space activities of the 21st century. (1985). [pdf] NASA, p. 495. Available at: http://www.ntrs.gov [Accessed 25 Jul. 2019].

Figure 4.8: Lunar bases and space activities of the 21st century. (1985). [pdf] NASA, p. 498. Available at: http://www.ntrs.gov [Accessed 25 Jul. 2019].

Figure 4.9: NASA SP-509 Space resources. Volume 3: Materials. (1992). [pdf] NASA, p205. Available at: http://www.ntrs.gov [Accessed 24 Jul. 2019].

Figure 4.10: NASA SP-509 Space resources. Volume 3: Materials. (1992). [pdf] NASA, p294. Available at: http://www.ntrs.gov [Accessed 24 Jul. 2019].

Figure 4.11: NASA SP-428 Space Resources and Space Settlements. (1979). [pdf]NASA, p. 276. Available at: http://www.ntrs.gov [Accessed 24 Jul. 2019].

Figure 4.12: NASA SP-509 Space resources. Volume 3: Materials. (1992). [pdf] NASA, p208. Available at: http://www.ntrs.gov [Accessed 24 Jul. 2019].

Figure 4.13: Extraterrestrial materials processing and construction. (1980). [pdf] NASA, p. 253. Available at: http://www.ntrs.gov [Accessed 24 Jul. 2019].

Figure 4.14: Extraterrestrial materials processing and construction. (1980). [pdf] NASA, p. 250. Available at: http://www.ntrs.gov [Accessed 24 Jul. 2019].

第 5 章
太空制造的艺术

5.1 概述

前面介绍了太阳系能够提供的资源,以及如何提取和加工这些资源。现在,将研究如何利用这些资源来制造能够造福人类的商品。

在太空制造商品和建造基础设施的概念几乎与太空时代本身一样古老。事实上,自20世纪60年代末以来,NASA和其他机构一直在寻求利用独特的空间环境特性来创新制造工艺,如用于太空制药、具有新奇特性的新材料、大型空间站的组件等。20世纪70年代中期,在美国首个空间站"天空实验室"(Skylab)上进行了第一次实验,这项工作延续到航天飞机项目上,也是国际空间站(ISS)的重要组成部分。在苏联/俄罗斯主导的"礼炮"(Salyut)号和"和平"(Mir)号空间站上也开展了类似的实验。

这些实验促使科学界和工程界去探索太空制造的新途径。他们的产品包括球形滚珠轴承、用于制药和冶金研究的高纯度晶体、复杂物体的铸造、疫苗、用于复合材料的高强度长丝等。媒体的科普文章和专业性学术文献都报道了这些实验获得了成功[a]。实验追求的是提高人们对现象的理解能力,而这些现

---

a 我们的研究仅仅是查阅了大量可用的技术性参考文献。

象只有在没有重力场影响的实验室中才能得到充分认识。实验的典型目的通常是揭示它们的行为,以改进现有的数值分析模型,从而提高给定制造工艺或产品过程的效率。例如,针对燃烧的过程已经做出了相当大的努力,这可使发动机效率更高,污染更少,还可以制造具有优异阻燃性能的材料。毫无疑问,这种理论研究可以带来科学和技术进步,为发展太空制造能力提供重要的基础。但是,经常被低估和忽视的是,在地球上无法实现或只有使用昂贵和复杂的设备才能实现的过程和环境条件,在太空中是可以实现的。例如,微芯片的制造需要使用深真空室和气体成分控制室。但是在地球上,人们生活在一个成分和密度都非常适合生命的大气层中,而不是工业制造的环境中。因此,需要使用昂贵而复杂的机器来实现微芯片制造所需的条件。

本章的目的不是关注哪些具体产品可以在太空中制造,也不是关注空间环境特性如何能够提高目前在地球上应用的产品质量,也不是真正地校验那些基础研究领域。虽然这些领域提高了人们对现象的理解,而这些现象只对最狭隘的科学界感兴趣。

努力将工业制造能力转移到太空的好处是:使地球环境免受为制造商品而提取、生产和运输物质和能源所造成的污染,以及在制造过程中造成的资源浪费。在没有生物圈需要保护的太空中,无须考虑环境污染的问题。

在本章中还将证明,即使太空是一种地球上不会自然产生的环境,并具有人们并不熟悉的特性,但仍有可能发展出与人们所熟悉的制造能力相当的制造业。

本章从考虑太空环境必须提供什么开始,然后介绍几个它有可能促进的工业制造工艺,最后以预测未来可能的轨道加工厂来结束。

5.2 太空环境

60多年的载人航天活动,已经让人们习惯了那些无视日常重力体验的现象。例如,国际空间站上的航天员可以像超人一样飞行,似乎可以把人们从束缚在地板上的那种力量中解放出来。太空中的物体处于"失重"或"零重力"状态①，并不意味着那里就没有重力。为了理解其中的原因，可以把自己想象成一个棒球手，假设你在一个像地球一样广阔的没有空气的场坪上，路上没有任何障碍。你扔球的速度越快，球就会离你越远，它的轨迹的曲率就越大。在某一点上，你可能会把球扔得很快，以至于它的轨迹变成了一个封闭的圆圈，永远不会落到地上，球就运行在地球轨道上了。实际上，即使球想要落下，地面也会以等于轨迹曲率的速率远离它。重力试图将球拉向地面，但球注定永远不会落下。它处于无休止的"自由落体"状态。航天器也是同样的情况。这就解释了为什么在天体轨道上运行是水平速度的问题，而不是高度的问题。然而，对于像地球这样拥有大气层的天体，为了进入轨道，首先必须达到一个足够的高度，使残余大气不会产生太大的阻力，从而导致航天器失去前进动能，重新进入稠密的大气层，要么烧毁，要么撞击地面②。

　　运载火箭的发射弹道被设计成遵循一种向外的螺旋轨迹，因此当它达到一定高度时，也达到稳定轨道所需的最小水平速度。这个速度取决于天体的质量，如果是围绕地球运转，那么这个速度是 7.8km/s（约 28000km/h）。当水平速度大于这个速度时，圆轨道会变成椭圆轨道，其最低点（称为近地点）对应于发动机关闭的高度，其最高点（称为远地点）是高度停止上升并在重力作用下航天器开始返回的高度。为了增加最高点的距离，必须给予更大的速度，以便航天器在返回前有更大的动量能够行驶得更远。

知识链接：

① 我们在地球上感受到的重力称为"g"。在海平面上，其平均值为 $9.81m/s^2$。在航天技术中，加速度通常表示为"g"的倍数。例如，两个 g 的加速度对应于 2 倍于 g 的值。有时，"g"可能会被替换为注释"gee"。

② 投掷物体时，撞击点的距离会受到与周围空气的摩擦力的影响，而摩擦力又会受到物体形状的影响。在没有空气的情况下，撞击点会离得更远。

所以重力总是影响着轨道上的航天器。然而,如果切向速度足够大,航天器将有足够的动量来摆脱重力,并沿着"开放轨道"运行。这种轨道可能是抛物线轨道,也可能是双曲线轨道,它永远也不会落回到它出发时的天体上,如图5.1所示。然而,即使是"深空"中的航天器也会受到太阳引力的影响,我们的探测器中只有少数几个被加速到足以逃离太阳系的逃逸速度。

知识链接:

① 下次有人说太空中没有重力时,请给他们解释一下月球或人造卫星是如何绕地球运行的。如果没有重力作用,月球肯定不会无休止地环绕地球。然而,由于万有引力遵循平方反比定律,两个物体之间的距离越远,其引力就越小。距离增加1倍意味着重力场的强度就减少了1/4。

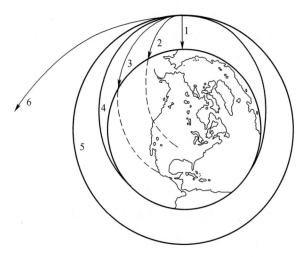

图 5.1　落体绕地球的轨迹

注:如果没有切向速度,则物体直线下落(轨迹1)。
随着切向速度的增加,与地面撞击的交点离发射点越来越远,直到它进入一个永远不会与地面相交的近地轨道(轨迹2~5)。
切向速度的进一步增加赋予了足够的动量逃逸到太空,
再也不会返回(轨道6)(图片源自:Figure 5.1)。

一旦进入轨道,航天器内的物体也以与航天器本身相同的速度运行。它们也是自由落体,但由于航天器内的物体相对于航天器是保持静止的,因此可以感知到失重状态,但此时重力仍在发挥着作用①。在航天器中,如果参照物和其内部的物体以相同的速度运动,就不会有相对运动。物体看起来不在重力场中。这个等效原理是由阿尔伯特·爱因斯坦(Ablert Einstein)提出的,是他的相对论的一部分。简单地说,自由落体系统的内部行为等同于远离重力场的系统,如图5.2所示。

图5.2 等效原理(图片来源:Figure 5.2)

注:(a)一个人在地球表面投下一枚硬币,它以9.81m/s²的加速度落到地面上,这是地球表面的重力加速度。(b)支撑电梯的绳子被切断,电梯掉了下来。它的内部物体将以同样的速度下降。如果一个人在下落的电梯中丢下一枚硬币,硬币的动作将和以前一样,只是因为它相对于电梯没有运动,所以它将漂浮在半空中,就像处于失重状态一样。

零重力环境是一种"理想"条件,在轨道上永远无法真正实现,因为存在大量的动力学效应,这些效应会产生类似于人工重力的力。轨道力学原理指出,航天器离地球越近,它的速度就越快。在保持惯性定向[a]的航天器中,任何松动的物体将缓慢地领先或落后于整体质心,这取决于它们是否分别比质心更接近或更远离地球。最终,所有松动的物体都会到达墙壁,就像被外力拉到那里一

---

a 这里是指航天器的姿态相对于目标(如恒星)保持固定的状态。

样。如果航天器缓慢旋转以保持相对于地球表面特定点的固定方向,也会发生同样的情况,如图5.3所示。除了惯性情况的运动之外,这将产生额外的运动。从航天器质心每移动一米,加速度约为$10^{-7}g$(地球引力的千万分之一)。

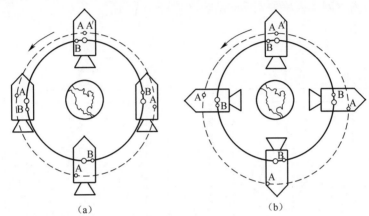

图5.3　位于航天器内部物体的运动(图片来源,Figure 5.3)

(a)惯性坐标系;(b)地球固定坐标系。

注:无论方向如何,任何不在航天器精确质心的物体都会沿着与墙壁接触的轨迹缓慢移动。

另一个干扰源是存在的大气。尽管按照人类可生存的标准来看,地球的轨道空间是真空,但仍有足够多的原子和分子对以轨道速度运行的航天器施加着持续的阻力。当航天器减速时,航天器内的松动物体将发生相对运动。

当航天员四处移动时,会产生其他额外的加速度。按照牛顿第三运动定律,每一个作用力都有一个相应的反作用力。如果一名航天员推挤载人飞船的舱壁,就会产生相反方向的运动。这些加速度值在$10^{-4}\sim10^{-2}g$范围内,虽然很小,但它们会干扰极其敏感的实验设备[a]。固态物质由原子和分子组成,这些原子和分子彼此紧密链接,由化学键固定在适当位置,化学键的强度比重力大许多个数量级。因此,重力不会影响固态物质的性质。即使当一个物体受到数倍于重力的加速度时,如在火箭发射或重返大气层的过程中,它可能会被撕碎,这取决于它的结构设计和加速度大小,但组成它的物质的性能不会改变。这与处

---

a　这样的g值取决于航天器的惯性以及航天员推挤和停止的力度。

于流体状态的物质的性能正好相反[a]。在这里,内聚力和表面张力的固有性质与重力具有相同的数量级。因此,流体状态的物质受到重力较大的影响。特别是,这引起了浮力、流体静压和重力引起的对流等现象[b]。

当粒子浸没在重力场中的流体中时,它受到由其体积、重力加速度以及粒子和流体之间的密度差的乘积定义的浮力。该力产生加速度,使粒子上升、沉降或下沉,这取决于密度差的正、负号[c]。

流体静压力(hydrostootic pressure)迫使流体在其自身重量下变形,并触发重力引起的对流机制。对流是由流体内的不同加热量引起的密度差异的结果。想想水沸腾的时候,锅底的水比较热,开始膨胀,这使得它的密度较小,因此较轻。上面较冷的水柱密度较大,因此较重,在重力的作用下挤压较轻密度的水。在到达锅底时,它也被加热。一旦离开热源,温度较高的水就会冷却,密度变大,并下沉。这种水在容器内上下移动的循环现象将一直保持,直到热源被移除或所有液体从暴露的上表面蒸发掉。这两个原因,使得重力驱动的对流机制引起的内部运动在固化过程中受到关注。首先,运动增强了成核(nucleation)[①]现象,因此在所有需要控制结晶的过程中都是不希望的;其次,对流可能在晶体生长过程中引起缺陷,如位错(dislocations),这将损害最终产品的性能。

> **知识链接:**
>
> ① 成核是通过自组装或自组织形成新热力学相或新结构的第一步。位错是晶体结构中的不规则性,并且它们的存在强烈地影响材料的许多性质。

---

a 值得一提的是,流体对应的是液体或气体。

b 在这里指定重力引起的对流,因为还有其他对流运动的来源,如可变的表面张力和不均匀的热膨胀。

c 如果粒子的密度超过流体的密度,则粒子将下沉;如果它是相同的,粒子将停留在它最初放置的位置;如果粒子更低,它就会上升。因此,一块岩石沉入水底,一艘船浮在水面上,而一艘潜艇可以安全地停留在水中。

太空采矿与制造
—— 地外资源及变革性工程技术

在轨道飞行的失重状态下,浮力、重力引起的对流和流体静压力都不复存在[a]。液体本身就成为一种物体,只受表面张力的影响。密度不再是材料的主要特性。它们将采用使表面张力能量最小化的形状,即球体的形状。通常被重力掩盖的现象变得更明显,特别是马兰戈尼效应(Marangoni effect)。这是一种由表面张力梯度引发的对流运动,以意大利科学家卡洛·马兰戈尼(Carlo Marangoni)的名字命名,他于1865年在帕多瓦大学(University of Padua)的博士论文中对此进行了研究。这种梯度是流体中两点之间的化学成分或温度差异引起的,并且它将促使液体向较高表面张力区域的移动,因为该区域对周围流体的拉力更强。地球上的工业过程也可利用这种效应。例如,在微芯片制造的湿处理步骤之后,可用于干燥硅晶片。在这种情况下,在将硅晶片从槽中取出后,并非所有的液体都流回容器中,一些液体仍然附着在晶片上并形成半月板(meniscuses)的形状。与有机化合物混合的空气被吹过湿表面,目的是增加半月板的表面张力,使得半月板可将更多的水吸向它们并形成液滴。液滴一旦变得太重,就会脱落,留下干燥的表面。在零重力条件下,马兰戈尼效应更为有效。

缺乏浮力的后果是没有沉积作用。在地球上,当粒子接近微米尺寸时,它们的重力势能与液体中分子的热能相匹配。这意味着随机分子碰撞产生与浮力相当的力,并且粒子倾向于通过这些随机速度保持悬浮[b]。因此,在地球引力环境中,只有当粒子的尺寸小于 $1\mu m$ 时,才有可能保持粒子的稳定悬浮。在低重力环境中,应该可以保持大得多的颗粒的悬浮。这既可能是优点也可能是缺点。例如,应该研究涉及悬浮液的过程,如化学精加工的玻璃、独特泡沫材料的制备、聚合工艺和不混溶合金的制备。另外,许多在地球上习以为常的由浮力提供的方便的分离方式,如去除不需要的气泡,将不会发生。在低重力环境中,必须注意开发出实现这些重要分离的替代技术。

在海平面上,地球大气的成分是21%氧,78%氮,以及其他微量元素。在航天器飞行的400km低轨道高度处,大气密度小于地表密度的十亿分之一,压力约为 10^{-7} Torr(1 Torr $=1.33\times10^2$ Pa)。它是氧、氮和氦原子的混合物,其精确

---

a 在本书的其余部分将以可互换的方式使用术语"失重"和"零重力",并认为,在轨道飞行的自由落体环境中它们只是由等效原理定义的表观条件。

b 这称为布朗运动。

的气体成分随太阳的活动状态而变化ª。由于低密度，热传输只能通过辐射平衡来实现。航天器的平衡温度是指以红外辐射形式损失的热量等于从太阳吸收的热量、从地球吸收的辐射能和自身产生的热量之和后形成的温度。近真空还会使非金属材料(如油漆、黏结剂)释放出大量蒸气，这些蒸气在离开其原产地时，会迅速沉积在航天器蒙皮的其他地方。通过与未过滤的阳光中的紫外线成分反应，由这些蒸气形成的涂层会干扰各种组件的光学和热控制性能ᵇ。

空间环境还提供了来自太阳的全光谱电磁辐射。还有太阳风，由带电粒子组成，能够电离各种物质。再加上极端温度的差异，例如，在月球极地地区的陨石坑底部的永久阴影区测量出的温度为 35K。太阳的日冕温度可达数百万摄氏度，在太空中的太阳能是免费提供的。如将它们聚焦起来，如使用镜子可用作工业生产过程所需的强热源。

5.3 太空制造

5.3.1 无容器加工

由于地球上无处不在的 $1g$ 重力环境，任何工业制造过程要么在容器内进行，要么使用复杂的能够抵消重力的拉力装置，固定在原地、操纵和运输。容器的存在引入了许多壁效应，例如晶体成核位置、污染和诱导应变①。在地球上，已经开发了半容器方法，以在需要提高纯度或精度水平的材料(如用于微芯片的硅晶片)的制造中，最大限度地减少这种影响。

知识链接：

① 晶体材料结晶过程分为成核和生长两个阶段。相变过程中母相中的热和(或)成分涨落导致形成一些很小的新相胚芽，一旦某一个胚芽的尺寸超过临界值，就会稳定地长大形成一个新相核心，即晶核。成核的驱动力是系统中新相与母相之间的体自由能差，它与母相温度、过冷度、过饱和度和杂质等因素有关。结晶成核分为均匀成核和非均匀成核两类。均匀成核是指系统中各个位置上成核的可能性相同，晶核是均匀分布的。均匀成核过程需要克服一个势垒，核心形成引起相变体系的自由能变化由体自由能差、弹性畸变能和界面能三部分组成。最初一批核心形成需要一段时间(孕育时间)并受扩散控制。系统中晶核的形成和长大是一个动态过程，成核率是一个重要的参数。非均匀成核是指实际相变系统中有许多可作为成核衬底的物质，它们使成核变得容易，成核势垒下降。晶核在异质界面上优先形成，因此表现为非均匀分布。

---

a 太阳对地球的影响状况主要体现在日地关系上。
b 用于天文或行星观测的仪器需用盖子保护，只有在经过足够的时间后才能释放盖子，以允许放气发生，从而避免污染。

知识链接：

① Czochralski(Cz)熔体晶体生长方法是最常见的单晶体生长工艺，是一种利用籽晶从熔体中提拉生长出晶体的方法。这种方法能够在短期内生长出大而无位错的高质量单晶，是捷克拉斯基(J.Czochralski)在1971年发明的从熔体中提拉生长高质量单晶的方法。这种方法能够生长无色蓝宝石、红宝石、钇铝榴石、钆镓榴石、变石和尖晶石等重要的宝石晶体。在20世纪60年代，提拉法进一步发展为一种更为先进的定型晶体生长方法——熔体导模法，一种控制晶体形状的提拉法，即直接从熔体中拉制出具有各种截面形状晶体的生长技术。它不仅免除了工业生产中对人造晶体所带来的繁重的机械加工，还有效地节约了原料，降低了生产成本。如在熔体中掺杂少量的痕量元素，如硼或磷，可生产具有特定电性能的晶片。

第一种方法是 Czochralski(Cz)熔体晶体生长法，也称为晶体提拉法，①将纯硅的籽晶放到坩埚内的高纯度硅熔体的自由表面中。当籽晶被缓慢地从熔体中拉出时，熔化的硅附着在籽晶上并凝固，以产生单个大的圆柱形晶体，该晶体随后可以被切成薄的晶片。该工艺于1917年发明，其优点是生产出的产品不受容器的物理限制。但容器仍有可能将污染物引入熔体中。对于像微芯片晶片的生产一样对杂质敏感的应用，有必要使用一种能使杂质最小化的材料制成的坩埚。石英被广泛使用，尽管它释放出的少量氧气会污染硅。通过在防止其与熔体反应的惰性气体中使用该工艺，进一步减少了污染。理想情况下，应将坩埚与外部振动隔离，这将减少损害晶体的生长，如图5.4(a)所示。

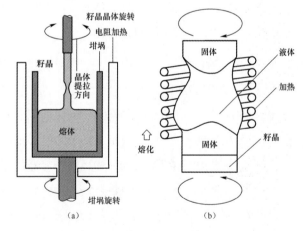

图 5.4 提拉法与浮区法(图片来源:Figure 5.4)
(a)提拉法；(b)浮区法。

第二种方法是浮区法。包括固定一根固体硅棒，加热元件(如感应线圈)可从一端移动到另一端。

被加热区域熔化,但不会下降,因液体的表面张力作用而保持在适当的位置。当加热元件移动到另一端时,熔融区也相应地移动。杂质的分离系数小于1,因此它们不容易进入到熔体材料中。污染物被推向与熔融区相同的方向,并聚集在棒的末端。由于加热元件从不接触到棒的材料,因此浮区法比提拉法工艺有更好的纯度。然而,该过程由于受到重力的强烈影响,限制了熔融区的大小。因此,该方法仅适用于其表面张力可包含抵抗流体静压的液相的材料,如图5.4(b)所示。

第三种方法是渣壳熔炼法。包括加热坩埚的内部,同时通过将冷却剂泵入其周围的线圈来冷却外部。这样,在容器的内壁上形成熔融材料的固体层,并且熔融材料仅与其自身的固体层相互作用,而不与坩埚相互作用。其缺点是在固化过程中缺乏控制。更重要的是,在固液界面处将存在热梯度和不受控制的对流。因此,实际上不存在对凝固的晶体成核和生长的控制。

这些在地球上的制造过程中,必须应对重力和使用的容器所带来的麻烦。当然,并不是每一种产品都像制造硅晶片那样需要高的纯度,但仍需要有容器,以及用于操作和控制制造过程的工具。

处于太空失重状态下的上述设备可以大大地简化,它促进了在熔化和凝固的过程中使用无容器的加工工艺,并且只需一个微不足道的界面就能完成。在地球上,冶金学家多年来一直使用电磁场进行悬浮熔炼,以产生金属小球,这些小球在没有坩埚或容器可能产生污染的情况下进行凝固。但是,这种方法在实验之外是不切实际的,因为它需要大量的能量来抵消即使是很少量材料的重力。此外,这样的能量引起电流和剧烈的搅动现象,有助于熔化但严重限制凝固。在失重状态下,这些情况不会发生,因为搬运和定位所需的力要小得多。在失重状态下,任何物体都相对于其周围环境处于自由落体状态,可以说是悬浮的。所以没有必要花费精力再去创造悬浮的状态,因为这是免费提供的。需要的是将待处理的材料从一个工作站移动到另一个工作站。由于轨道力学影响航天器的剩余加速度,对于航天器内部自由落体很容易就能克服施加在物体上的作用力。事实上,将材料样本保持在工艺设备内的适当位置所需的力,大约为地球重力的$10^{-4} \sim 10^{-6}$。下面介绍几种途径。

如果材料具有一定的导电性,则线圈可以施加电磁场、静电场和静磁场来进行定位。对于良好的导体,位置控制使用了施加的交变场和处理试件中感应的涡流之间的相互作用,这将在真空和大气环境中都起作用。在气体环境中,类似于扬声器的声学驱动器可以施加声辐射压力。在任何情况下,通过在适当位置布置线圈或声学驱动器以及使用频率调制,可以实现三轴平移和旋转控制。使用旋转控制较易获得高纯度的材料,而且不需要容器。例如,可以使液体球旋转,当它旋转得越来越快时,它会变成一个椭球体,然后变成一个环面。此时,任何溶解的气体或较轻的物质都将分离。如果停止旋转,净化后的液体将恢复为球形。使用机械臂等进行机械定位可能是有利的,如在物体冷却后从处理室取回物体。涡流强度传感器、热探测器和静电容器等都将用于自由浮动材料(液体或固体)的定位或处理控制,还可以使用光学传感,例如通过检测热物体发出的辐射,或者通过它如何拦截光束,或者可能通过摄影。上述方法很可能并不适用于所有工艺,但每种工艺都有自己的方法,或可以同时使用多种工艺。图5.5所示为低重力电磁无容器加工工艺提供基本的三轴定位的线圈配置。

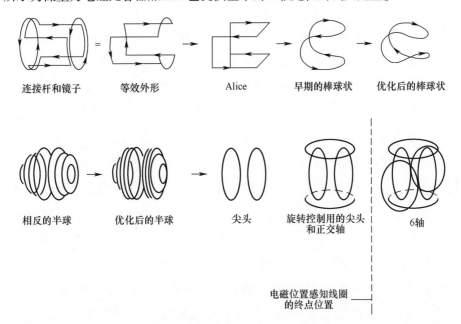

图5.5　低重力电磁无容器加工工艺提供基本的三轴定位的线圈配置(图片来源:Figure 5.5)

一般来说,预计自由浮动的熔体会在形状上产生振荡,因此所施加的定位加速度的大小必须根据质量和材料特性进行调整,以防止浮动质量体的破裂。对于具有相当高熔点的材料,在空间设施中加工质量的上限由可用的加热电能决定。对于低熔点的材料,能够维持表面张力的完整性的质量体大小就是可用质量的上限。

用于样品的位置控制和运输的电磁场也可用作精确可控的热源,利用该热源进行零重力熔化。在没有容器材料限制的情况下,可以将样品加热到远高于其熔点的温度,过热提供了液化几乎任何材料的能力。样品中的任何杂质都可以被破坏,因此在冷却和固化过程中可以避免破坏晶体结构的成核位置,并且随后的冷却能以热辐射所提供的非常高的速率发生。这允许过冷凝固,即使液体处于低于凝固温度的温度,也不会发生向固态的相变。由于液体和其容器壁之间的边界层效应,以及当液体经历热应变时液体中的热涡流导致的成核,这在地球环境中是难以实现和保持的。在零重力环境下也不会出现这些复杂情况。在过冷的情况下大部分收缩过程发生在液态,这意味着凝固过程中施加在材料上的应力较小。用模具封固高度过冷的液体可以促进其瞬时凝固,且不必考虑通常在重力场环境中损害该过程的诱导应力。过冷的其他好处是容易生成具有相当大尺寸的单晶物质和非常细晶粒的金属,这些金属是极易拉伸的,也称为超塑性(superplastic)。

在太空失重环境下的无容器加工方法,提供了几种有吸引力的制造工艺,例如凝聚铸造(cohesion casting),是指熔融材料被旋转以产生完美的旋转体。也可以使用静电场将材料轻推成不规则但重复的形状。图 5.6 所示为凝聚铸造原理图。

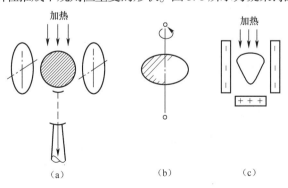

图 5.6 凝聚铸造原理图(图片来源:Figure 5.6)
(a)自由铸造;(b)惯性铸造;(c)静电场铸造

黏合铸造(adhesion casting)是另一种途径,它主要依靠允许液体在表面上扩散的毛细力。在零重力下,较厚且均匀的材料层可以在模具(或模型)的内部或外部形成,并且由于黏附力作用而保持在适当的位置。还可以在模具内部或外部浮置金属和非金属层生产零件。黏附力和内聚力允许液体形成细线、管和膜等形状,而没有被污染的风险。图 5.7 为黏合铸造原理图。

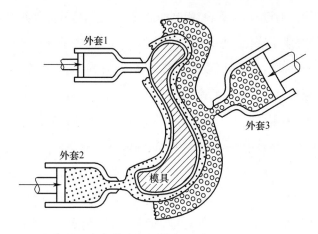

图 5.7　黏合铸造原理图(图片来源:Figure 5.7)

无容器加工,同时没有浮力、重力导致的对流和流体静压现象,可以混合那些在地球上由于密度和表面张力的差异而无法混合的液体。由于空间环境下对材料密度不敏感,因此可以充分混合,而且混合过程更加均匀,且可在较低温度下进行。合金是在高温环境下形成的,因为大多数金属只能在其熔点以上混合。低温合金化降低了该工艺所需的能量。由不混溶体系形成原位复合材料也是可以实现的。大约 500 个合金体系具有"混溶间隙(miscibility gap)",这意味着在相图中存在两种熔融材料不会混合的区域(就像油和水不会混合一样)。这种体系的合金不能通过常规凝固形成,因为熔体必须通过该混溶区冷却以凝固。由于具有不同的密度,这两种液体在正常重力环境下立刻从溶液中析出。如果这种复合材料可以在太空中制造,就有可能寻找到具有有趣的力学性能和电气性能的新材料。例如,可以很容易地拉成丝的高温超导体(high transition temperature superconductors)、独特的轴承材料、改进的电接触材料以及具有高强度重量比的合金。

此外,在对材料密度不敏感的空间环境下也可以使用气泡。对于受重力影响的气泡来说,充满空气的液体会从外表面张力层和内表面张力层之间排出。当它们接触时,泡沫就会破裂。在零重力环境下,液体不能排出,实现了外形的稳定性。因此,即使使用金属材料,也可以吹出相当大的气泡。事实上,吹出大的薄壁气泡以产生金属、玻璃或其他无机物的膜也是可行的。图5.8所示为表面张力吹膜原理图。

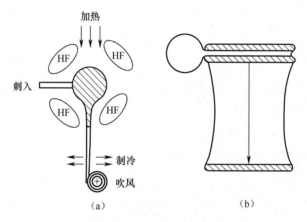

图5.8 表面张力吹膜原理图(图片来源:Figure 5.8)
(a)拉细丝;(b)吹膜

因为气泡在零重力环境下不会上升到表面,而是混合在周围材料中,所以有可能控制它们的分布和尺寸,以产生具有定制物理性能的"泡沫材料"(foamed materials)。例如,有可能制造出一种既具有轻木的低密度,又具有钢的高温和高强度特性的材料。弯曲产生的应力通过气泡重新分布,因此可以增加延展性。另一种可能性是将密度降低到小于水的密度。漂浮的材料将有利于深海应用。理想的球形气泡分布可以很精细,以保持高的平衡压力。这类物质在地球上很难制造,因为重力、对流和密度差异不利于泡沫的稳定,促使气泡上升到表面并破裂。

一种补救措施是快速冷却材料以防止气泡上升,但仍难以在$1g$重力环境下产生具有均匀和可重复特性的泡沫。在零重力环境下,密度的差异无关紧要,气泡的分布更容易控制。材料可以逐渐冷却,以确保产品质量和性能的可重复性。可以使用任何金属和气体的混合物,因为制造泡沫金属材料所需的周围空气可以控制,并适应产品的需要。

5.3.2 超高真空加工

到目前为止,我们一直关注如何利用零重力和由失重引发的现象。但太空制造业不仅仅是利用失重状态。空间环境提供了其他有用的属性,如地球上无法模拟的超高真空环境。然而,如果把航天器比作一艘在海面上航行的船,它会产生头波和尾流。在以 7.8km/s(约 28000km/h)的速度飞行时,航天器将推开其运行轨道上的任何原子,并产生压力为 $10^{-6} \sim 10^{-4}$ Torr 的弓形波,具体取决于高度和方向。此外,它还将在其尾流中留下一个 10^{-14} Torr 的增强真空区域,仅为海平面的千万分之一。

这种尾流可用于需要利用"硬真空(hard vacuum)"的工业制造过程,特别是用于微芯片和微机电系统(micro-electro-mechanical systems,MEMS)的硅晶片的制造。这些设备的结构尺寸为微米量级,接近纳米[a],需要复杂的技术在硅基板(晶片)上沉积材料,以制造出非常精密的硬件,如计算机芯片或加速计和陀螺仪,从而能够在智能手机上玩视频游戏。

分子束外延(molecular beam epitaxy,MBE)也称为外延薄膜生长,一般来说,分子束外延是合成具有特定特性的新材料和制作新型微电子器件的有效途径。简单地说,它是将一个或多个原子或分子束(如砷和镓)照射到准备好的预热衬底上,该衬底形成原子模板或图案,原子或分子沉积在该原子模板或图案上以产生遵循现有晶体图案的薄膜或层。可以通过单一工艺生长出多个层,所有层都具有与周围的层的完美界面。这是一个非常精细的过程,它只能在超真空环境下进行,在这种条件下可能损坏薄膜的污染物几乎可以忽略不计。基于地球上的设施所能达到的真空度是有限的,因此实现和维护就会越困难和越昂贵。

对已经是很理想的真空环境进行"加固"是一项简单的任务,因为它的真空

---

a　$1\mu m = 10^{-6}m, 1nm = 10^{-9}m$。

能力是无限的和永久的,不需要使用大型的耗能的泵系统来维持它。20世纪90年代,航天飞机在轨飞行验证了一种称为尾流屏蔽设施(Wake Shield Facility,WSF)的装置,对这种潜力进行了引人瞩目的在轨演示验证。它是由一个直径4m的不锈钢焊接而成的自由飞盘组成,它被组装成一个独立的航天器。通过航天飞机的机械臂释放,WSF将其自身定向为圆盘垂直于行进方向,以在其尾流中产生超真空。在尾流侧的中心是一个圆盘传送带的圆柱形罐,它可以绕着平行于圆盘平面的轴旋转,如图5.9所示。它装有7个砷化镓衬底,每个衬底都有自己的加热器。尽管硅是最广泛用于微电子的半导体①,但在功耗和工作速度方面还有预期效能更优的其他材料,砷化镓就是这样的一种高性能材料。

知识链接:

① 半导体是一种材料,它是指在常温下导电性能介于导体和绝缘体之间的材料,在室温时,半导体的电阻率在 10^{-7} ~ $10^{-5}\Omega$ 之间,半导体材料对温度较为敏感,在温度开高时电阻率会相应减小。在形成晶体结构的半导体中,人为掺入特定的杂质元素,它的导电性能具有可控性。因此在仔细操作和利用其原子特性时,半导体也可以变为导体或电绝缘体材料。

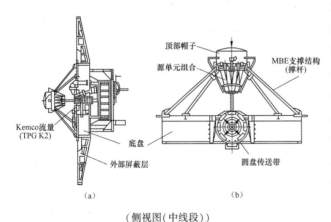

图 5.9 尾流屏蔽设施自由飞行平台的系统组成(图片来源:Figure 5.9)

为了进行MBE工艺,一次仅将一个衬底暴露于真空中。每一次薄膜生长运行都是通过旋转转盘以将所需的衬底暴露于空间而开始的。在该位置,基板直接面对源电池组件。这是 MBE 装置的核心,由一组 8 个倾斜的分子束源单元组成,这些单元由具有 8 个支柱的结构固定在适当的位置,这些支柱将组件的中心线与转盘中样品的中心对齐。在加工制造的过程中,加热某个源单元产生的分子束通量沉积在暴露的衬底上,逐层生长成薄膜。转盘和单元组合体使实验能够采用不同组合的衬底和单元材料。例如,含有镓、砷、硅和三乙基镓的电池用于生长砷化镓和掺硅的砷化镓膜。使用由质谱仪和总压力计输出的数据来控制通量水平和生长速率,使用高能电子衍射系统监测薄膜的质量和均匀性。图 5.10 所示为使用 WSF 测试 MBE 的概念示意图。

WSF 参加了三次航天飞机飞行任务,并成功地证明了在太空中制造微芯片是可行的,它被视为迈向太空工业和商业应用的第一步。图 5.11 为将 WSF 从航天飞机的货舱中移出,源单元装置在平台的尾流侧可见。该计划要求每年进行四次试飞,以验证基于空间环境的薄膜生长和可商业化的批量产品。希望在成功的测试计划之后,工业界将充分利用这一技术。原计划是在 1995 年之前在轨验证升级的 WSF-2,以处理数量更多和类型更广泛的薄膜,它将由地球上的一个专用商业有效载荷设施来进行指挥。在 1996 年,WSF-3 将拥有更大的生产能力,配备太阳能电池板、额外的中央处理能力,甚至是用于扩展轨道操作的机器人衬底样品操作系统。预计在 1997 年,WSF-4 产能可达到 300 个薄膜

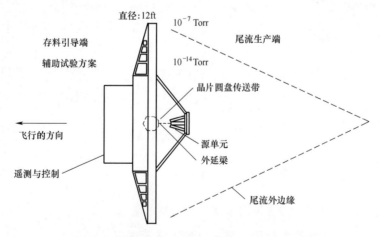

图 5.10 使用 WSF 测试 MBE 的概念示意图(图片来源:Figure 5.10)

(1Torr=133.32Pa,1ft=0.3048m)

晶片,这被认为是重要的和可盈利的工业化批产的代表,这将为广泛追求的名为 Mark-Ⅱ 的商业阶段打开大门。在这个阶段,航天飞机将定期访问自由飞行器平台,以取回约 300 个晶片成品完成生产运行,并为下一批补充原材料。当然,轨道上会有几个平台,也许一次航天飞机任务就能提供所有的服务。预计每个 Mark-Ⅱ 平台将有 5 年的运行寿命。

遗憾的是,这一切都没有成为现实。如果 NASA 和整个行业有必要的战略眼光,我们现在就已经利用太空环境至少生产出一种具有商业价值的产品,这显然是很困难的,实际上也不可能在地球上生产出如此高质量的产品。

图 5.11 (见彩图)将尾流屏蔽设施从航天飞机的货舱中移出,源单元装置在平台的尾流侧可见
(图片来源:Figure 5.13)

像 WSF 这样的空间真空设施还具备额外的优势,即与使用低温技术来实现和保持真空的地面设施相比,能够承受更高的热负荷。空间真空设备具有几乎无限的抽真空能力。它将是制备超净表面或使用高温蒸发制造超纯材料的

理想选择。现在可以开始考虑无容器的熔化和凝固加工工艺,以及利用航天器尾流中的真空等令人兴奋的前景。在距离地球上方 500km 的高度,真空比在地球上可能达到的效果要好得多。事实上,在地球上所需的真空环境要求越高,设备的复杂程度和成本也就越高。太空是一个几乎没有任何东西的地方,有可能获得特殊生产过程所需的环境条件。

5.3.3 增材制造

正如国际空间站上的实验所演示的那样,增材制造(additive manufacturing,更广为人知的名称是 3D 打印)是一种非常适合空间环境的生产工艺。一般来说,增材制造是一层一层地构建三维对象的过程,直到完成,而不是在传统的减材制造工艺(如钻孔和铣削)中切割材料。这可以通过以下几种方式来实现。

立体光刻技术(stereolithography,SLA)是将激光束照射在光固化树脂①材料池上,既打印出特定层模型的横截面,又可使其固化。然后再根据单层的厚度来调整平台,并添加下一层,这种逐层构建的过程一直持续到对象构建完成。另一种方法是选择性激光烧结(selective laser sintering,SLS),利用高功率激光来融合材料的小颗粒并打印出每一层。与 SLA 相比,SLS 构建的对象在组装过程中不需要支撑,因为未烧结的材料提供了必要的支撑。通过熔融沉积成型(fused deposition modeling,FDM),材料从喷嘴喷出,喷嘴按照连续层的横截面图案进行打印。

知识链接:

① 光固化树脂材料是一种在光照下会改变其性能的树脂材料。光固化树脂又称光敏树脂,是一种受光线照射后,能在较短的时间内迅速发生物理和化学变化,进而交联固化的低聚物。光固化树脂是一种相对分子质量较低的感光性树脂,具有可进行光固化的反应性基团,如不饱和双键或环氧基等。光固化树脂是光固化涂料的基体树脂,它与光引发剂、活性稀释剂以及各种助剂复配,即构成光固化涂料。

增材制造具备以下几个优势：它可以适应各种原材料，包括玻璃、金属、陶瓷、生物材料和塑料等；它产生的废物较少，因为原材料可以重复使用；它允许制造具有更少部件和最佳形状的复杂部件，这减少了不必要的材料数量、总质量和成本，并且加快了生产时间。它已广泛地用于医疗、航空航天、汽车和消费品应用等行业。波音（Boeing）、太空探索（SpaceX）和蓝色起源（Blue Origin）等航天器制造公司，也已经使用这种技术来减少火箭发动机中的零部件数量，并制造出结构组件[a]。NASA正在积极研发在轨3D打印技术，因为这有许多突出的优势，可以减少硬件组件的结构质量，这是因为针对它在使用过程中面临的微重力环境而进行了优化设计，而不是针对地面操作和发射时高得多的载荷环境条件。此外，在轨建造的大型结构仅需要较少的铰链、插销和其他复杂的机械装置，因为它们是随时备用的，而不是紧密折叠以便运输，同时可在轨升级新增加的系统。

太空制造公司（Made in Space, Inc.）成立于2010年，在研发用于零重力的增材制造技术方面处于领先地位。在经过4年约30000h的3D打印开发和测试工作后，用于在轨技术验证的样机被送往国际空间站（ISS），它非常成功。2016年3月，增材制造设备（additive manufacturing facility，AMF）被送到ISS，这是一种永久性的3D打印机，可以使用多种航空航天级材料并以极高的精度制造出复杂构型的物体，更重要的是它可以在真空中工作。与此同时，太空制造公司正在继续测试轨道空间的3D打印能力。例如，通过在长达30s的时间内模拟零重力的抛物线飞行，它已经能够成功地打印电子、铸造金属，并使用SLA进行3D打印，甚至实现了生物器官3D打印。例如，使用强制金属沉积（forced metal deposition，FMD）的专用方法，能够将熔融金属浇铸到3D打印模具中，以形成金属物体。正如该公司网站所述，"将这一最重要的制造技术从地面引入太空，使部件能够以众所周知的方式在轨制造，从而加速了该技术的应用。"此外，"它还开启了制造全新种类的金属合金和结构设计的潜力，这在地球上是不

---

[a] 鉴于该领域的快速发展，与其穷举这些公司已经实施的增材制造的例子，冒着提供过时评论的风险，还不如自己进行互联网搜索，以了解航空航天工业部门是如何利用3D打印的。

可能的。"它还采用了原型化的方法来控制液体层,并保持其在印刷表面,而不是漂浮。"这次演示是成功的,在微重力下生产出精确、高质量的部件,这项技术最终将扩大我们应对不可预见的在轨制造需求的能力。"

另一个正在评估的设备是卫星制造机器(satellite manufacturing machine, SMM),这是一种适应多种材料的3D打印机和机器人装配系统。太空制造公司利用SMM已经在轨建造了一颗小型卫星,其功能与Sputnik相同。结构和电路板基板被叠加打印,而存放了导电线的机器人设备打印了太阳能电池、集成电路和发射器等电子部件。目标是制造出一个功能齐全的设备,使航天员能够制造出多金属电子产品。这将形成不仅对机械和结构组件,而且对传感器、印制板和其他电路的电子设备进行原位维修或更换的能力。

正如将在第6章中介绍的,太空制造将在轨道工厂中进行,包括桁架、散热器、太阳能电池板、模块等。一般来说,航天器的硬件设计需考虑在$1g$的重力环境下,以及在发射过程中所必须承受的加速度和振动环境中生存下来。此外,承受了空气动力学效应的火箭整流罩的尺寸和形状,对装在其内部有效载荷的质量和尺寸有着严格的限制。但是,如果目标是在轨组装大型结构,如空间站或射电望远镜,则需要进行多次发射。这将使设计变得复杂,并增加了任务成本和组装时间。国际空间站是第一个在轨组装的大型结构,这或许是一个千载难逢的项目,不会再有了[①]。未来的空间基础设施将有

知识链接:

① 继国际空间站之后,中国2022年完成了天宫空间站的基本型的在轨构建任务,美国及其盟友也计划构建名为"Gateway"的月球空间站,虽然这些空间站的质量与规模都比不上ISS,但乐观估计,以后肯定还会有这样的大型在轨组装的空间结构。

望通过3D打印系统在轨建造,并利用从月球和小行星上采矿获得的原材料。

在这成为现实之前,还需要进行大量的研究和测试工作,太空制造公司正在积极地将时间和资源投入到这类工作中。在2019年撰写本书时,他们正在创建Archinaut,这是一个多功能的空间精密制造和装配平台,能够将经过在轨验证的机器人操作与增材制造过程相结合,从而在轨构建出超大型空间结构。该公司打算使用Archinaut进行大型空间望远镜主干结构的在轨生产和组装,用于自动组装新的空间站,以及维修、扩建,或重新利用现有的航天器。如此远大的目标还需要一段时间才能实现,但该公司正在取得良好的进展。特别是2017年,在NASA艾姆斯研究中心的热真空室中成功制造出了多个桁架结构的原型。

太空制造公司并不是唯一一家旨在太空中进行3D打印的公司。系绳无限公司(Tether Unlimited,Inc.)也在追求同样的目标,这是一家成立于1994年的航天工程公司,旨在开创强大的空间经济,为地球上的人们服务,并使人类社会成为航天社会。当然,在轨3D打印符合这个目标,其中一个正在开发的项目是"蜘蛛网"(SpiderFab),这是一种机器人系统,旨在挤压和拉制高性能结构组件,并将其制成大型三维稀疏结构,就像蜘蛛旋转织网一样,如图5.12所示。

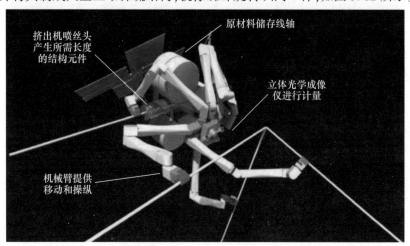

图5.12 "系绳无限"公司倡议的SpiderFab机器人的概念示意图(图片来源:Figure 12)

注:该机器人将在轨3D打印大型结构。

知识链接：

① 聚醚醚酮是聚芳醚酮（polyaryl ether ketone，PAEK）家族中的一种有机聚合物，后者是一类重要的商用材料，被称为工程热塑性塑料。

典型的SpiderFab机器人有望拥有多个高度灵巧的机械臂，既可在正在建造的结构上移动，也可用在组装时对结构组件进行精确定位（图5.13）。在完成结构或部分组件构建时，机器人系统可以协助安装反射膜、太阳能电池、传感器、有效载荷、航空电子设备、电缆等。典型的连接方法包括热黏合、黏合剂和机械紧固件。最初的SpiderFab将使用热塑性和高性能纤维材料，如聚醚醚酮（Polyether Ether Ketone，PEEK）[1]和碳纤维复合材料，但最终将使用更多种类的材料，包括从月球和小行星上开采的金属材料。

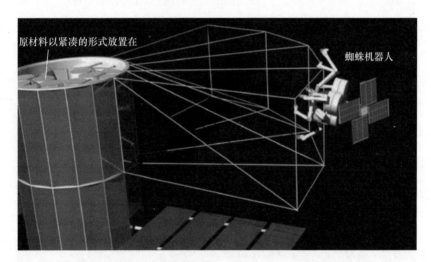

图5.13　SpiderFab机器人正在卫星上搭建支撑结构的概念示意图（图片来源：Figure 5.13）

注：支撑结构一旦完成，该系统将使用机器人操纵器来横穿该结构，并将功能元件安装到支撑结构上，如反射器、膜、网格或其他功能部件。

5.4　加工工艺是关键

在专业技术性文献中详细介绍利用空间环境

的各种加工制造的工艺方法①,但本章的目的不是全面总结参考文献。到目前为止,这一章的信息应该已经很清楚了:太空中的整个"球赛"都是一个过程。正如本章开头所提到的,我们经常将太空制造与特定产品联系在一起,而这些产品的使用通常受限于某种特定应用场景。这就造成了一种印象,即太空制造业只能应用于小众产品,而不能服务于更广泛的制造业。事实上,事情远比眼前看到的要多得多。

在地球上必须人工创造环境来执行各种工业生产过程,通常以复杂性和能源方面的巨大成本为代价,在太空中却可以免费获得。除了能够在太空中更有效地执行这些熟悉的任务外,太空中的天然"硬真空"和令人难以置信的温度环境,以及物质在失重状态下的奇特行为表现出的物理现象,是一个发展全新制造工艺过程和方法的机会,这在地球上是不可能的。这只是一个利用空间环境中的各种现象来实现我们想要的东西的问题。

例如,许多工业过程需要高能量密度(非常高的能量浓度)以用于熔化、熔炼、蒸发、固化、冷冻、升华和分馏。太空基本上是一个低能量的地方,但恒星是高能量密度的天体,可以利用它们来以各种可能的能量密度梯度运行,这比在地球上所能做到的要好得多。太阳能炉可以集中和调节原始能量,以适应特定的工艺过程。通过使用防护罩和散热器,可以实现较宽的温度范围。星际空间的平均温度只比0K稍高一些。被太阳遮蔽的物体很快就会骤降到低温。如果任务应用过程需要,有一些技术可以使其非常接近0K。可以定制防护罩和散热器,以提供给定过程所需的热量。这些是相对简单的硬件,其行为由于长期的经验而被很好地理解。无物质环境是可以精确控制的,因为一开始就没有什么可做的,可以添加适当工业过程所需的任何物质。简而言之,实验室水平的技术在太空中将是不必要的。

一般来说,需要完全脱离地面的方法。空间加工过程不同于地面制造,主要是因为操作是通过"能源管理"实现的,而不是通过落锤、铣床和起重机等硬工具。

长久以来,我们一直认为太空是一个有风景的地方,现在必须开始把它当

---

① 了解有关此主题的更多信息,可参见本章末尾的参考文献。另一个好办法是去搜索NASA技术报告服务器网站,搜索"太空制造""太空加工"等关键词。

作一个生产的场所了。

参考文献

[1] Made In Space. (2019). *Made In Space*. [online] Available at：https://madeinspace.us/ [Accessed 27 Jun. 2019].

[2] NASA (1980). *Materials processing in space：Early experiments*. [online] NASA. Available at：http://www.ntrs.nasa.gov [Accessed 27 Jun. 2019].

[3] NASA Marshall Space Flight Center (1969). *Space manufacturing unique to zero gravity environment*. [online] NASA. Available at：http://www.ntrs.nasa.gov [Accessed 27 Jun. 2019].

[4] NASA Marshall Space Flight Center (1970). *Unique manufacturing processes in space environment*. [online] NASA. Available at：http://www.ntrs.nasa.gov [Accessed 27 Jun. 2019].

[5] Sivolella, D. (2017). *The Space Shuttle Program. Technologies and Accomplishments*. Springer International Publishing.

[6] Stine, H. (1979). *The Third Industrial Revolution*. ACE Books.

[7] Tethers Unlimited, Inc. (2012). *SpiderFab：Process for On-Orbit Construction of Kilometer-Scale Apertures*. [online] NASA. Available at：http://www.ntrs.nasa.gov [Accessed 27 Jun. 2019].

图片链接

Figure 5.1：Materials processing in space：Early experiments. (1980). [pdf] NASA, p.12. Available at：http://www.ntrs.gov [Accessed 24 Jul. 2019].

Figure 5.2：Materials processing in space：Early experiments. (1980). [pdf] NASA, p.12. Available at：http://www.ntrs.gov [Accessed 24 Jul. 2019].

Figure 5.3：Materials processing in space：Early experiments. (1980). [pdf] NASA, p.13. Available at：http://www.ntrs.gov [Accessed 24 Jul. 2019].

Figure 5.4：Materials processing in space：Early experiments. (1980). [pdf] NASA, p.21-22. Available at：http://www.ntrs.gov [Accessed 24 Jul. 2019].

Figure 5.5：Materials processing in space：Early experiments. (1980). [pdf] NASA, p.20. Available at：http://www.ntrs.gov [Accessed 24 Jul. 2019].

Figure 5.6：Space Manufacturing Unique to Zero Gravity Environment. (1969). [pdf]

NASA, p. 17. Available at: http://www.ntrs.gov [Accessed 24 Jul. 2019].

Figure 5.7: Space Manufacturing Unique to Zero Gravity Environment. (1969). [pdf] NASA, p. 19. Available at: http://www.ntrs.gov [Accessed 24 Jul. 2019].

Figure 5.8: Space Manufacturing Unique to Zero Gravity Environment. (1969). [pdf] NASA, p. 20. Available at: http://www.ntrs.gov [Accessed 24 Jul. 2019].

Figure 5.9: Sivolella, D. (2017). *The Space Shuttle Program. Technologies and Accomplishments*. 1st ed. Springer Publishing International, p. 244.

Figure 5.10: Sivolella, D. (2017). *The Space Shuttle Program. Technologies and Accomplishments*. 1st ed. Springer Publishing International, p. 245.

Figure 5.11: https://images.nasa.gov/details-sts080-708-065.html

Figure 5.12: Hoyt, R. (2016). *SpiderFab: Process for On-Orbit Construction of Kilometer-Scale Apertures*. [pdf] NASA, p. 19. Available at: https://www.nasa.gov/directorates/spacetech/niac/2012_phase_I_fellows_hoyt_spiderfab.html [Accessed 24 Jul. 2019].

Figure 5.13: Hoyt, R. (2016). *SpiderFab: Process for On-Orbit Construction of Kilometer-Scale Apertures*. [pdf] NASA, p. 20. Available at: https://www.nasa.gov/directorates/spacetech/niac/2012_phase_I_fellows_hoyt_spiderfab.html [Accessed 24 Jul. 2019].

第6章
在太空建造工厂

6.1 轨道工厂设计

6.1.1 轨道工厂的构型

轨道工厂会是什么样子？正如经常发生的那样，极限是由我们的想象力决定的。由于本书不是空间站工程设计的教科书，为简单起见，我们将介绍四种布局构型，即积木式、三角形、大T形和桁架结构。有可能还有其他构型，但这四种构型足以理解如何构建轨道工厂。当然，每一种构型都有自己的特征，反映其制造工艺、使用的原材料、接收后勤补给的方法、乘员数量等。

积木式构型空间站采用加压舱段作为基础结构，通过吊杆或机械臂来安装其他部件，如太阳能电池板和散热器，从而最小化主结构和子系统的硬件。储存库、控制推力器和其他外部组件连接到加压舱段和桁架结构共用的停泊口上，如图6.1所示。这种配置的正常姿态是加压舱在轨道平面内，空间站的长轴垂直对齐，以提供重力梯度稳定性和来访飞行器的交会对接路径[a]。通过添加新舱段、太阳能电池帆板、散热器等可实现扩展规模。这种构型的缺点是结构的紧凑性使进入可用停泊口的间隙最小。此外，它阻碍了为重新配置或修复

---

[a] 将航天器保持在固定姿态的重力梯度法利用了质量分布效应和轨道物体的重力场。

而移除结构组件,因为这可能需要对舱段和外部组件进行大量的重新定位。

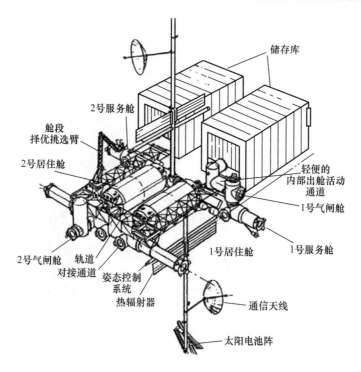

图 6.1 积木式构型空间站示意图(图片来源:Figure 6.1)

注:存在类似飞机机库的设施(显示为棱柱块),可用作制造产品和储存备件的在轨仓库,或用于组装复杂产品。

三角形构型空间站采用三角形桁架主结构,用于组件的独立连接,以最大限度地提高刚性,增强可控性和任务的多功能性,它通常是对日定向的。太阳能电池帆板安装在三角形的一个面上,与轨道平面成恒定夹角,以消除重力梯度扭矩并简化热控制系统。另外两面支持安装散热器、功率调节设备、实验设备、有效载荷等。加压舱被排成两排,平行地安装在太阳能电池帆板对面的桁架上。三角形内的储存库将桁架作为主要结构,散热器作为蒙皮的一部分。通过延长棱柱的长度或向其他两翼延伸来实现轨道前哨站的扩展,以容纳新的模块、储存库和其他组件,如图 6.2 所示。

在大 T 形构型空间站中,加压舱和大多数操作支持设施都集中在一个垂直

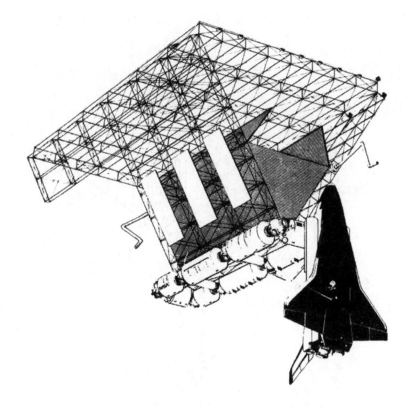

图 6.2　三角形构型空间站示意图(图片来源：Figure 6.2)

注：三角形内的灰色面板可兼作散热器和储存库的安装墙壁。太阳能电池板(不可见)位于棱柱的顶部，与加压舱的组合相对。

平面桁架的下端，而太阳能电池帆板、天线、储存库和其他部件则安装在顶端一个水平的平面桁架上。储存库、散热器和其他操作设施位于加压舱上方，这种构型增强了结构的刚性、组件的独立性和任务的多功能性。通过保持太阳能电池帆板平行于速度矢量，使气动阻力最小化，实现稳定的重力梯度，如图 6.3 所示。

　　根据模块和有效载荷的数量以及(在我们的案例中)要进行的制造过程，可以各种方式设计构型布局。美国 NASA 在 20 世纪 80 年代研究的两种构型为动力塔式(power tower)和双龙骨式(dual keel)。动力塔也是一种桁架结构(也称为龙骨)，与地球的重力方向对齐。底端的一组加压舱使其在重力梯度中保持

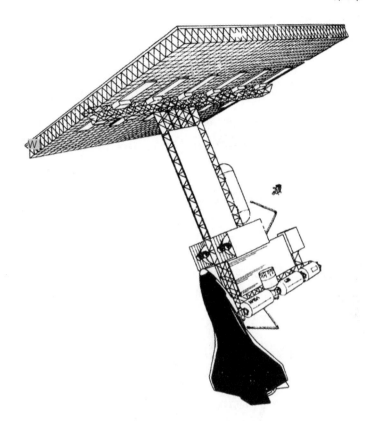

图 6.3 大 T 形构型空间站示意图(图片来源:Figure 6.3)

注:太阳能电池帆板(不可见)位于水平平面桁架的顶部,并且具有有限的倾斜能力,
以使前哨基地在地球周围飞行时在阳光直射下的表面积最大化。

稳定。沿着龙骨的长度定位的一个或多个垂直桁架部分将支撑起额外的有效载荷和模块,如图 6.4 所示。双龙骨是动力塔的扩展形态,其中两个平行的龙骨将由长的水平桁架连接起来,以容纳更多的制造设备,如图 6.5 所示。

6.1.2 轨道工厂的主要组件

轨道工厂的主要组件是什么?首先,散热器很重要,它们使轨道工厂比地面制造工厂具有明显的优势。热力学第二定律是不可忽视的,因为没有一个制造过程是 100% 封闭的,总会有热能的损失。空气、土壤和水的周围环境,作为一个散热器,吸收和分散由工业制造过程释放的热能。例如,炼钢厂需要高温来熔化铁锭,在冷却过程中,一些热量被带走,但大部分热量被释放到空气中。同样,一个煤电工厂需要水来产生高压蒸汽,以驱动发电机的涡轮泵,并将蒸汽冷凝以供再利用。在冷凝阶段,蒸汽的热能被热交换器吸收,然后排放到冷却塔或附近的河流中。所有这些热量排放的总和是导致全球气候变化的重要因素,这并不奇怪。在太空中释放热量并不会破坏环境,因为与来自太阳的热量相比,释放的热量微不足道。由于轨道工厂将广泛使用太阳能炉和其他发热设备,散热器必然会很大。热管和冷却回路将以被动和主动方式带走热能,并将其传递到散热器。为了最大限度地释放热量,散热器将背对太阳。根据轨道前哨站的构型,可能需要使用主动定向系统。为了尽可能多地分流废热,将使用散热器,直到它们达到其材料所允许的最高温度。它们巨大的表面将更容易受到微流星体的破坏,但可在人类监督下或使用维修机器人根据预先设定的程序迅速进行维修。

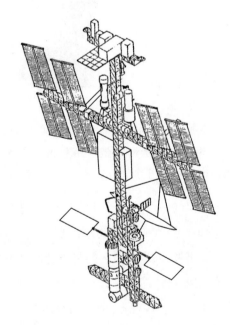

图 6.4　动力塔构型空间站示意图(图片来源:Figure 6.4)

太阳能集热器也会同样令人印象深刻。如第 5 章所述,各种制造工艺都要求其原材料处于熔融状态。用于熔化原材料所需的热能可由太阳能电池板或

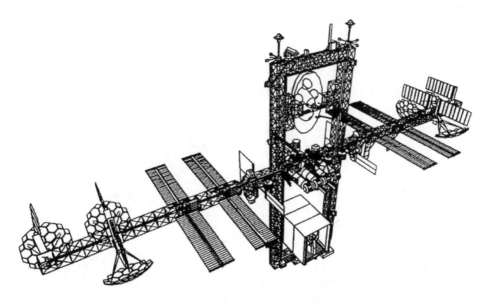

图6.5 双龙骨构型的空间站示意图(图片来源:Figure 6.5)

核反应堆产生的电能提供,但使用太阳能炉可能会更好,阳光聚焦在太阳能炉中要熔化的原材料上。根据我们离太阳的距离,垂直于太阳的每平方厘米表面上每分钟有2cal(1cal=4.187J)的热量。直径为100m的抛物面型太阳能集热器能够在焦点上提供约11MW的电能,这很容易地创建一个面积为$100cm^2$的熔炉区域。由此产生的$110kW/cm^2$的流入量足以25lb/s(1lb=0.45kg)的速度蒸发掉类似铜的金属。其他材料的蒸发速率可能更高或更低。很明显,每天都可以加工成吨的材料。太阳能集热器的要求将直接影响其轨道参数。事实上,为避免生产中断,明智的做法是将轨道前哨站放置在一个能将"阴影时间"最小化的轨道上。也许最好的解决方案是地日或地月系统的拉格朗日点之一。拉格朗日点是一个空间区域,在该区域中两个大型天体的相互引力使航天器相对于这些天体保持静止。建设在拉格朗日点区域的轨道工厂将受益于不间断的太阳能发电。

图6.6所示为轨道太阳能炉的太阳能集热器的典型构型示意图。它是由几个六边形面板制成的牛顿抛物面型反射器,其表面反射阳光并将其聚焦在熔炉中的原材料上。一旦原材料熔化,这些材料就被运送到加工工厂。一套支柱

支撑反射表面,并提供固定的从反射器的顶点到熔炉的固定参考系统。主动系统将提供集热器的精确指向,以在工厂绕地球或太阳运行时保持与太阳对准。除了太阳压力、大气阻力、陀螺力矩和热致位移等外部扰动外,还需克服工厂中的工作人员和机械设备所造成的干扰。

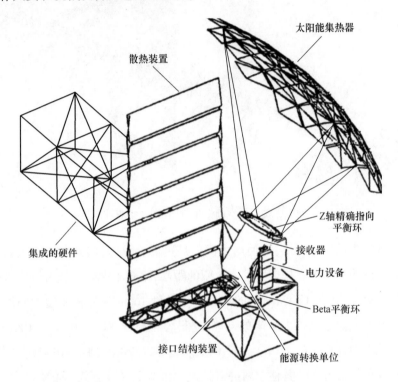

图 6.6　轨道太阳能炉的太阳能集热器的典型构型示意图(图片来源:Figure 6.6)

6.1.3　轨道工厂的案例

加工制造操作将在专门的舱段或平台中进行,如航天飞机的尾流屏蔽设施,或其他设计用于特定过程和货物生产的设备。图 6.7 所示为太空制造工厂的概念示意图。这是美国专利局于 1970 年 10 月 20 日授予的专利号为 3534926 的摘录。尽管已有 40 多年的历史,但它提供了一种令人着迷的见解,这种设计可能在(让我们希望)不太遥远的将来成为一个典型的加工制造厂。

该舱段通常由一系列圆柱段组装而成,它的尺寸与要进行的制造工艺的需求相匹配。舱段外壳不仅限定了加工厂的尺寸,而且提供了一种为制造操作定

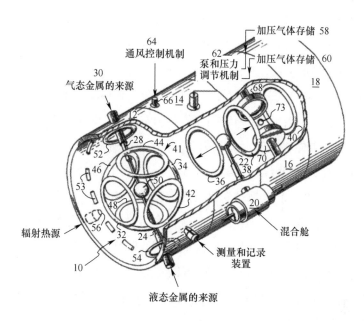

图6.7 太空加工制造工厂的概念示意图（图片来源：Figure 6.7）

位各种设备和工具的方法。还将有一个环境控制系统负责控制大气的压力和成分。尽管图6.7未示出，舱段两端将对接气闸舱，并且根据需要沿着室壁将有开口。根据加工区域的大小和数量，该设施还可扩展附加部分。虽然图6.7示意的是圆柱形舱段，但复杂的版本也可以采用不同的形状来适应单独的过程，并具有交叉的气闸舱。用于处理气体以提供特定气体和压力的诸如容器或贮罐的支撑设备将被携带到舱段的外部[a]。图6.7中的第20项称为混合舱，它可以放置各种材料，使其中至少一种材料可被加热至液态或塑性状态。然后将所有物体混合并通过伸缩管（第22项）引入该舱段。该舱段还提供了用于引入液体和气体材料的其他分配器（第26和30项）。由于表面张力在零重力环境中发挥主导作用，从分配器喷出的液体将以球形聚集在管的尖端，附着在其上，并与其一起移动，除非施加外力将其分离。这种外力可由沿着舱段的纵向轴线安装的多个高频线圈（第32、34、36、38和40项）提供。线圈将产生电力场以使

---

[a] 在零重力环境中，设备支架不需要很坚固，因为它们只是定位设备部件，而不是作为结构支撑，以保持它们在适当的位置抵抗重力。

待加工件居中，并使其在舱段的纵轴上沿任一方向移动。线圈将由适当的电池、燃料电池或太阳能电池帆板供电。发电系统中的逆变器将把直流电（Direct Current，DC）转换成期望频率的交流电（alternating current，AC）。

待加工件将从管式分配器（第 22 项）顶端位置移动到最左边，以便由位于舱段纵轴周围的一组四个高频线圈（第 42、44、46 和 48 项）操控。通过选择性地给线圈通电，工件将经历运动和力，将其塑造成所需的形状和非常精确的公差。工件运动也受低频线圈（第 52 和 54 项）的作用，沿着与六个高频线圈组相邻的室壁。它们产生的电力场变化较慢，在较长时间内产生较慢的控制力。例如，它们可以在位于加工厂中的一个球体内混合两种或更多种熔融材料。因此，虽然高频线圈只影响球体的外部，但低频线圈则会使激振力深入球体内部。加工厂外围的直流场线圈（第 53 项）可以感应力场，以精确成形液体工件。例如，如果液体中的静电力和分子力（内聚力和表面张力）联合作用，则有可能使液化材料形成透镜状或其他不规则的平衡形状。

加热设备（第 54 项）安装在舱段附近，并且由热源产生的能量通过壁中的孔（第 56 项）被导向舱段内的工件。热源能量可以是来自太阳能镜的聚焦光束，以及来自舱段中的加热组件的辐射、电弧、电子束、等离子体电弧束或激光束。目的是加热或熔化材料。冷却将热量从材料辐射到外壁。所吸收的热量将通过舱段壁中的再生冷却系统来控制冷却速率，或通过外表面的辐射片散热。气瓶（第 58 和 60 项）通过机构（第 62 项）连接到内部，以控制舱段中的大气成分和压力。同样的气体调节机制也可用于回收进入的气体或剩下的气体，并将过程中任何可能积累的杂质过滤掉后，返回到它们各自的储存罐中。通风机构（第 64 项）将气体排出到太空，并将高真空连通到舱段的内部，以便在加工前对材料进行脱气。

另一个轨道制造设施的例子是 1985 年美国 NASA 赞助的通用电气（General Electric，GE）公司空间系统部的一项研究。该研究主题为"空间站自动化研究：源自空间制造概念的自动化要求"，力求为 NASA 在空间站上执行各种任务（包括制造应用）时，使用自主技术和自主系统提供明智的技术指导。在执行这项任务的过程中，通用电气公司评估了 100 多个潜在的空间站实验和制造概念。通过NASA设计团队的后续评估形成了一项结果,即继续深入研发两个自动化制造设计的概念,这两个概念分别为砷化镓电外延晶体生产和晶片制造设施,以及砷化镓超大规模集成电路微电子芯片处理设施(如图6.8)。

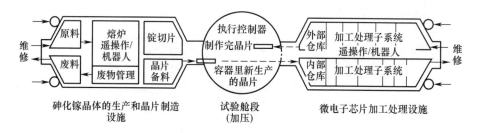

图6.8 通用电气公司的晶片和微芯片的自主制造设施概念示意图(图片来源:Figure 6.8)

之所以选择这两个概念,正是因为它们都需要高度自动化,因此需要大量使用远程操作、机器人、机械化加工和人工智能等技术。更重要的是,它们通过复杂的多步骤工艺流程解决了原材料加工问题,并代表了任何类型的空间制造所需面临的操作、维护、自动化、机器人、传感器、人工智能和维修的挑战。

这两个制造设施都安装在封闭的舱段中,便于废物管理和污染控制,有助于在航天员照料下的维修和设备升级,以及将产品从一个设施转移到另一个设施上。此外,太空的微重力和真空环境将简化这些制造过程,而在地球上需要使用复杂的耗能设备来实现和维持真空环境,并且重力引起的变形限制了所生产的晶体尺寸。

图6.9所示为开发针对晶体生长和晶片在轨制造设施的概念示意图。它广泛使用机器人和其他形式的自动化和机械化设备,在生长和切割晶片时几乎可以完全自主操作。该舱段分为一个非加压部分(用于晶锭生长)和一个加压区域(用于将晶锭切割成晶片并随后进行抛光),中央压力舱壁将这两个区域隔开,材料的转移将通过气闸舱进行。非加压室装载了一个熔炉子系统,其中有24个小托盘排列在一个扁平包中,每个托盘有容纳6个纯砷化镓籽晶的空间。该子系统将在真空中,防止气体污染并简化对热传递的控制,通过基于氟利昂的主动温度控制系统使熔炉保持在恒定温度,这是在全寿命周期中需要持续监控的参数。在完成晶锭生长后,晶锭托盘将被推出熔炉,进入接收托盘,并转移

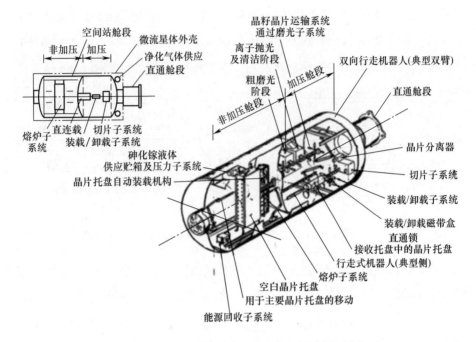

图6.9 晶体生产和晶片在轨制造设施概念示意图(图片来源:Figure 6.9)

到临时储存区。当托盘进入气闸舱后,通过加压气闸舱,舱段另一侧的门就会打开。自动转换臂将伸入气闸舱,并将晶锭托盘从接收器托盘(其保持在适当位置)提起,并将其放入收纳盒中,以准备处理和运输到由机械臂操作的各种切片和抛光站。使用金刚石钢丝钳进行切片,以受控的切割速率将晶锭进行全尺寸切割,将晶锭切分成三个晶片和一个籽晶。在割锯和收线的过程中,分离盘将接住切开的晶片。在收起切割工具后,首先,小车将沿着轨道移动到舷窗,在那里压力敏感镊子(或静电头臂)将拾取切割出的晶片,并将它们与分离盘一起放入罐(如管状包装的薯片那样)中,然后,晶片将被转移到结构上类似于水平研磨机的粗抛光站,在那里将晶片的表面抛光到 $8\sim12\mu m$ 的表面粗糙度。然后,通过低能溅射蚀刻或离子抛光等工艺最终加工到 $2\sim4\mu m$ 的表面粗糙度,并从表面去除任何碎屑和污染物。每个抛光站都是独立的模块。经抛光和清洁的晶片将被封装,以便转送到微芯片制造设备。同时,将籽晶送回到未加压部分以开始另一个生长周期。

在微芯片加工设备中处理抛光晶片的表面,获得包含数百个微芯片的晶片。一般来说,微芯片制造工艺将涉及一系列复杂的步骤,如薄膜沉积、电子束光刻、离子注入、离子蚀刻、溅射沉积和退火,逐渐将表面雕刻成详细图案的集合,这需要高度的控制精度。在地球上,它是通过单独的加工设备来完成的,每个设备都能够完成特定的任务。由于大多数过程发生在真空(或低压)中,通用电气公司设计的微芯片制造设备会利用在轨环境的优势,大大简化了那些需要这种条件的子系统。取消真空泵和相关管道并为其他设备留出更多的空间。此外,太空的微重力环境也将使处理设备比地球上的同类设备要轻得多。

图 6.10 所示为轨道工厂中的晶片制造加压室的概念示意图,图 6.11 所示为轨道工厂中的自动化晶锭切片站概念示意图,图 6.12 所示为轨道工厂中的微芯片制造概念示意图。一般来说,通用电气公司设想的两个轨道制造工厂都需要自诊断能力来解决故障问题。真正有效的设计必须是模块化的,具有干净

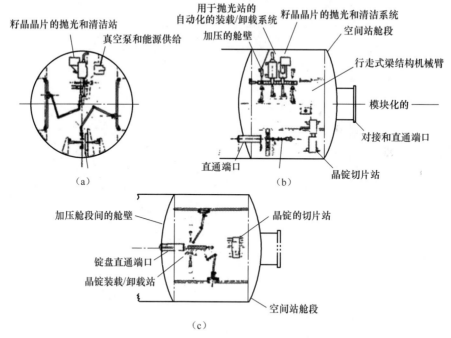

图 6.10　轨道工厂中的晶片制造加压室的概念示意图(图片来源:Figure 6.10)

(a)晶锭的装载/卸载站的侧视图;(b)晶锭的装载/卸载站的正视图;

(c)行走式梁结构机械臂系统(典型的双臂)。

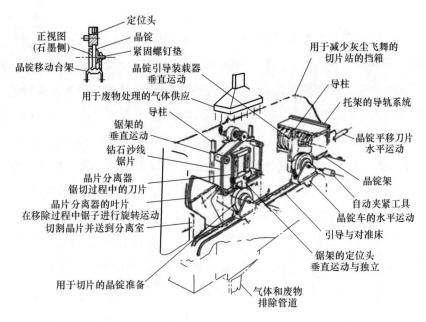

图 6.11 轨道工厂中的自动化晶锭切片站概念示意图(图片来源：Figure 6.11)

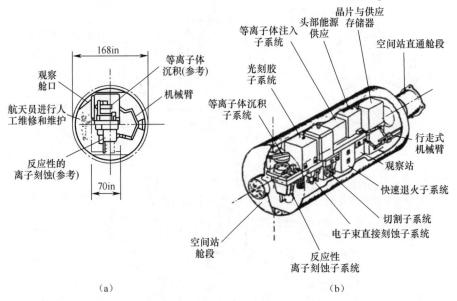

(a)   (b)

图 6.12 轨道工厂中的微芯片制造概念示意图($1\text{in} = 2.54\text{cm}$)(图片来源：Figure 6.12)

的接口，以方便机器人进行维修和更换。可以开发一系列模块化组件，简化备件要求。同样，即使在特定情况下显得过于复杂，也需要标准化的机械和电气接口。

6.2　附加设计元素

一些轨道工厂也可能采用旋转舱段的设计方式来提供人工重力环境,以辅助一个或多个加工制造的过程。这样的旋转舱段将产生重力梯度,在轮毂处从零开始并且在径向上逐渐增加。例如,可将分馏和分离过程相结合,以在分馏方案中的各个点上分选出不同密度的固体。它还可能有助于在重力场中更好地进行加工制造,也算是在微重力环境中能更好地完成部分加工制造过程中。在太空中建造工厂的最终目的是消除在地球上不可避免地对周围环境造成的污染。如果研究表明,某一产品在重力环境作用下更容易生产,或者某一产品在重力环境作用下加工制造更容易,那么为此目的增加旋转舱段将是有意义的。

一种可能受益于一定程度的重力环境的方法是需要对液相中的材料进行脱气。在失重状态下,浮力是不可用的,气泡不会上升到液体的自由表面而逃逸,从熔融材料中消除气泡会造成严重的问题。然而,可以对熔融材料进行加速以排出气泡。旋转舱段内的离心力将导致气泡从轴处移开。气泡以及旋转的自由飘浮材料的形状取决于角速度、体积、黏度、密度和所涉及的表面张力,该系统的稳定性也很重要。事实上,这是一个极好的例子,说明如何通过"开启和结束只在零重力环境下发生的现象,或再现只能在重力场环境中发生的现象"来实现制造的需要,而这种程度的定制在地球上几乎是不可能的,因为重力场无处不在[①]。

知识链接:

① 由于启动、停止和旋转期间产生的陀螺力矩和扭矩的影响,设计采用大旋转的舱段时都需考虑到姿态控制问题。

太空采矿与制造
—— 地外资源及变革性工程技术

为了轨道工厂中人们的福祉,在任何情况下考虑添加旋转舱段的设计都是非常必要的。在太空中工作将是令人兴奋的经历,但是在轮班结束时,工人将无法回家,除非是在附近有单独的居住场所。轨道工厂的生活将类似于石油钻井平台,因为那里既有私人住所,也有用于娱乐和社交的公共场所。鉴于失重环境对人体的不利影响,合理的做法是让轨道工厂的部分设施再现适合长期居住的重力场,这样工人就不需要每天花费几小时进行旨在减少骨骼和肌肉质量流失的锻炼。

轨道工厂将是拥有各种舱段、桁架结构、巨大的太阳能集热器和散热器的复杂组合体。它将是一个有生命的实体,随着对在轨制造的深入理解而不断变化,随着制造需求的变化而变化,随着新舱段的增加而变化,随着旧舱段被丢弃、被改造成仓库或被拆成备件而变化。它们将需要极大的灵活性,以服务于许多与地面制造不同的在轨制造过程和产品。

由于各种因素的影响,轨道工厂将不同于地球工厂。首先,在地球上,工业制造流程所需的环境必须都在工厂围墙内实现,而在太空中的情况恰好相反。事实上,工业制造流程旨在充分利用现有环境条件[①]。另一个根本性的区别是,在地球工厂中工人是制造过程中不可或缺的一部分,他们需在工厂车间与复杂的机器人一起工作。而在轨道的加工制造活动将在最高自动化水平下进行,人类主要履行的是监督职能。事实上,自动化机械和机器人将自主地接收原材料,加工制造出有用的产品。如果大部分加工制造活动是在真空环境中进行,则尤其如此。根据工艺和产品制造的需求,最好将加工舱段分离开,作为自

知识链接:

① 在微重力环境下的制造过程通常容易受到乘组人员移动或其他周围制造活动引起的虚假作用力的显著干扰,因此需要独立飞行平台进行加工制造的设计理念,在任务完成后将其回收,并装载原材料后再次分离进行加工制造。

由飞行平台开展工作,然后再将其收回,以卸载成品并装载原材料,用于下一次运行。维修机器人是在出现技术问题时才进行干预,通过监控诊断系统的帮助,它们甚至可以提前采取行动来预防故障。只有在要求最高等级的维修操作情况下,才需要人工参与。

在太空中,加工车间的概念也将有所不同。地板是指相对于其他设备来支撑和定位机器的表面,并允许材料和人员从一个区域转移到另一个区域。重力和摩擦力使机器保持在适当的位置。在零重力环境状态下,保持在一个固定位置是很难的,因为即使在中性稳定的条件下,物体也可能经历无限多的翻滚模式。因此,尽管不需要固定空间上的地板,但仍然需要在制造设施的内外部定位设备和处理原材料。目前,在轨机器人控制科学和技术已是一门成熟的学科,通过在航天飞机、国际空间站、火星车,甚至是目前正在国际空间站上进行试验的 Robonaut2 人形机器人的实践,机器人控制系统已拥有不少于 40 年的控制经验。图 6.13 所示为国际空间站上机器人控制系统即将释放 SpaceX 公司的载人"龙"飞船,图 6.14 所示的灵巧人形机器人现在已经是国际空间站上的永久居民了。这些经验将为研发新型机器人系统提供参考,可为在轨道工厂中全天候工作而进行定制。考虑到开发复杂机器人系统所需的时间和成本,明智的做法是使它们尽可能地实现多功能。它们应该能够处理不同类型的材料,执行各种功能,并能在轨道工厂的内外部进行工作。

图 6.13　国际空间站机器人控制系统即将释放 SpaceX
公司的载人"龙"飞船(图片来源:Figure 13)

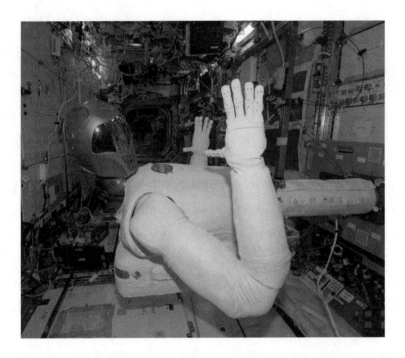

图 6.14　国际空间站上的永久居民——灵巧的人形机器航天员 Robonaut2

（图片来源：Figure 6.14）

　　鉴于轨道工厂预期能达到相当大的规模，因此需要在加工车间和居住系统之间安装内部运输系统，用来转移运输原材料、常驻人员及工业成品，在轨道上运行并可遥操作控制的手推车系统可能就足够了。国际空间站上已经有了一个简单的移动小车作为站内运输系统。图 6.15 所示为安装在国际空间站上的移动运输系统，在舱外活动期间该系统可以移动机械臂和航天员。

　　利用受控的润湿性和毛细管作用原理可使用管道输送熔融材料。图 6.16 显示了一个球形腔室，其中熔融材料的运动是通过所有表面的高润湿性来实现的。穿孔的内球及其相关的毛细管作用将确保材料向外球壁和模具通道输送。运动是由压力控制形成的气泡在中心空间中，并将熔融材料从穿孔球体中挤出。由于在穿孔过程中产生了表面张力，气泡将不会穿过内球。此外，当蒸汽移动到液体及气体交界面时，气泡将吸收来自熔体的蒸汽。

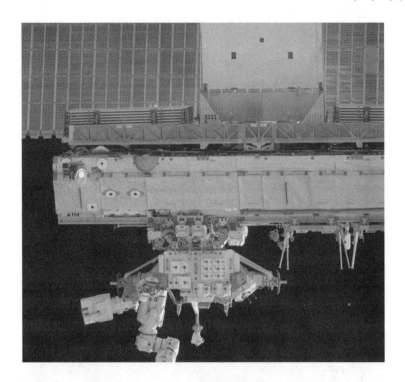

图 6.15 (见彩图)国际空间站上的移动运输系统(图片来源:Figure 6.15)

注:该系统在舱外活动期间可以移动机械臂和航天员。

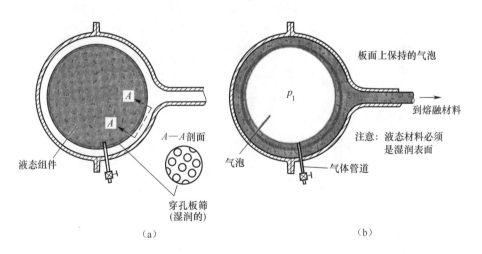

图 6.16 球形熔化和分配装置示意图(图片源自:Figure 6.16)

储存原材料、备件和成品的仓库可以利用桁架结构上的平台,或者单独设置并连接到轨道工厂的其他组件上。这种存储仓库的原型样机也称为快递物流载体的轻型平台,被安装在国际空间站的桁架上,用于存储备件和开展实验。图 6.17 所示为在国际空间站的桁架结构两侧放置的两个备件储存平台。

图 6.17 (见彩图)国际空间站的桁架结构两侧放置的两个备件储存平台(图片来源:Figure 6.17)

通过国际空间站的工程实践,我们在建造和使用作为实验平台和居住系统的加压舱方面拥有了丰富的经验。但是,这些舱段的尺寸、基于桁架结构的组件和平台受到航天飞机有效载荷舱的内部尺寸,以及航天飞机可以送入轨道的有效载荷的质量限制。在后航天飞机时代,我们已经恢复了使用运载火箭,新的更强大的重型运载火箭正在研制过程中。发射更大、更重的舱段将成为可能,但它们仍受到整流罩内部容积的限制,整流罩主要用于有效载荷在通过大气层较低部分时,保护有效载荷免受气动力热的影响。增加加压舱段尺寸的另一种方法是采用可充气展开技术。如果在太空中使用气球的想法看起来很奇怪,那么想想在20世纪60年代,美国NASA调查了充气结构在空间站布局中的作用。更直接的是在"回声计划"(Project Echo)项目中开发了无源通信卫星。它们分别于1960年和1964年发射,称为Echo Ⅰ和Echo Ⅱ。一旦进入轨道,它们就分别膨胀到30m和41m直径。它们的外表层是一层薄薄的金属化聚酯薄膜材料,可以反射无线电信号。然而该项目中断了很长一段时间,在20世纪90年代中期,当NASA考虑将其作为即将到来的国际空间站乘组人员的大型居住舱时,才继续研究充气展开技术的空间任务应用。轨道加工厂上的航天员们下班后,会在这里生活和放松。它将是由一个宽3.4m、长7m(这些尺寸由航天飞机的有效载荷舱容积决定)的轻质石墨复合材料圆柱形核心组成,以折叠降落伞的方式包裹在外壳里。在太空中,外壳将被充气膨胀到8m直径,形成3倍的体积和超过2倍的存储空间,成本和重量与传统的铝结构舱段相当。

TransHab居住舱的内部将分为三层,包括一个设备齐全的厨房、多个软存储区、6个单独的乘组人员宿舍、空间站本身的环境控制和生命支持系统设备、锻炼设备、洗浴区,以及监测乘员健康和应急救生设备。

这个可充气展开的外壳是一项重大的技术成就。它的厚度为40cm,由60多层组件组成,排列成5个主要的组件,如图6.18所示,内壁不易燃,耐穿刺,并具有良好的声学性能。它将保护气囊的多层组件,并提供冗余的主要气体容纳装置。在相邻的一对气囊之间放置一块阻气布,以防止两边的接触,消除磨损,并在气囊之间形成一个空腔。将监测每个气囊内的压力,以便检测和定位泄漏。编织约束层将使气囊能够抵抗高达4atm的内部压力。该结构将由一个碎片防护系统保护其免受微流星体的撞击,该碎片防护系统由多层陶瓷织物和一个凯夫拉织物碎片收集器组成,多层陶瓷织物由多孔泡沫隔开。如果发生冲

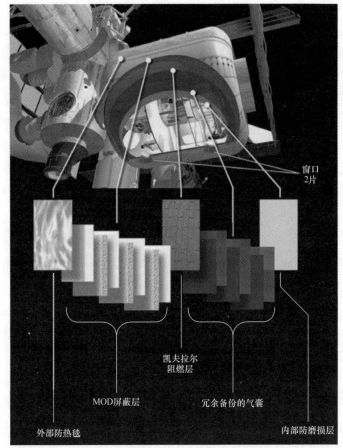

图 6.18　TransHab 舱段的多层分解图(图片来源：Figure 6.18)

击,颗粒将逐渐减速,并被每个陶瓷层和泡沫层破碎成更小和更慢的颗粒。当碎片到达约束层时,它已经失去了太多的能量,以至于它会停下来。多层尼龙和聚酯薄膜提供热保护。外部的单面镀铝贝塔玻璃织物用于防止低轨道中能够降解材料的原子氧。

这个实验验证了充气展开舱的概念,但由于经费预算限制迫使 NASA 封存了该项目。然而,这项技术并没有丢失。事实上,它被毕格罗航空航天公司(Bigelow Aerospace)收购,这是一家位于内华达州拉斯维加斯的初创公司,由罗伯特·毕格罗(Robert Bigelow)创立,他是一位白手起家的百万富翁,拥有连锁酒店"美国廉价套间"(budget suites of america)。毕格罗航空航天公司的目标是建造和销售由充气舱段制成的空间站。它们甚至可以在月球上使用,无论是在月球表面还是在洞穴内,该公司已经取得了重大进展。在2006年和2007年,它使用俄罗斯的"第聂伯"号火箭①发射了"创世"1号和"创世"2号充气舱。现在,4.4m×2.54m的充气舱段仍在轨道上,健康状况良好,如图6.19所示。2012年,该公司与NASA又签署了一份合同,提供一个可扩展居住舱的商业演示验证舱段,用于临时连接到国际空间站,命名为毕格罗可扩展活动舱(Bigelow Expandable Activity Module,BEAM),这将有助于NASA解决未来深空和地面任务的关键问题。2016年,通过搭乘SpaceX发射的"龙"飞船,BEAM被成功地运送到国际空间站并在轨充气。它一直表现良好,其最初的两年任务已延长到2028年,届时国际空间站自身也将计划退役。作为一个测试项目,BEAM的体积只有16m³。该公司正在开发的B330

知识链接:

① "第聂伯"号火箭是美苏冷战时期的遗留物,它是基于从发射井发射的核弹道导弹开发的。苏联解体后,它被改装为可携带轻型有效载荷进入太空的火箭。

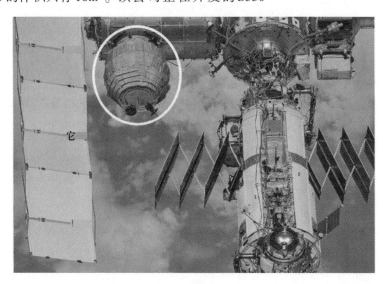

图6.19 (见彩图)毕格罗可扩展活动舱在国际空间站上的当前位置(用白色圆圈突出显示)
(图片来源:Figure 6.19)
注:虽然毕格罗可扩展活动舱与其他模块相比较小,但它是更大型充气舱的先驱,将扩大我们在太空中生活和工作的能力。

模块将膨胀到330m³的惊人体积。相比之下，一个典型的国际空间站舱段的体积仅为160m³。B330将拥有自己的推进、发电、生命支持和对接机构，使其既可作为独立的空间站，也可作为更大结构的一部分。到那时，毕格罗航空航天公司将能够更好地为商业太空制造企业提供可居住设施。

6.3 天体上的工厂

月球也将是工业化运营的绝佳场所，它提供了除零重力以外的所有空间环境特性。月球上的工厂（以及在适当的时候，其他行星上的工厂）可能类似于地球上的工厂，因为它们将建设于坚固的星球表面上，并具有一定程度的重力环境。同样，它们将使用数公顷的太阳能电池阵进行发电，散热器用于散热，集热器用于太阳能炉。生产设施将位于地下，或者至少部分被掩埋，并被厚厚的月壤所覆盖，以保护其免受宇宙辐射、微流星体和热辐射的影响。在真空环境中，结构上的热载荷只能通过传导或辐射来消散，因为对流需要流体介质来进行热传输。传导和辐射效应并不能有效地从大型薄壁结构中散热，月球表面300℃的昼夜温差变化将产生足以引起大变形的力学载荷，甚至可能导致结构坍塌。如果该设施至少有一层月壤覆盖，这将缓解极端温度波动，并简化结构设计和内部温度调节。据计算，只要有约10cm厚的月壤就能减少约99%的热波动。

与地球上的制造工厂一个有趣的不同之处是月球上的工厂很可能靠近原材料来源的矿山。在地球上这几乎是不可能的，因为工厂的选址取决于其运营所特有的关键要素。例如，钢铁厂通常位于煤源附近，而不是铁矿附近，因为前者的使用量较大，而且将工厂设在煤源附近比设在铁矿附近更便宜。此外，制造业通常需要使用不同的原材料，而这些原材料很少在一个地方找到。在任何情况下，采矿往往位于偏远、难以进入的地方，不适合建设制造工厂。正如第2章所述，月球的资源分布广泛，而不是集中在某处矿藏中。在任何情况下，为简化运输原材料的物流，将矿山和制造工厂设在彼此附近无疑是更明智的。图6.20为未来月球制造工厂的概念示意图。

该设施为圆形，周长与表面积之比最小，内部运输距离最短。它包括两个相同的部分，每个部分都有一个化学加工厂，一个用于制造零件的区域，一个用

第6章 在太空建造工厂

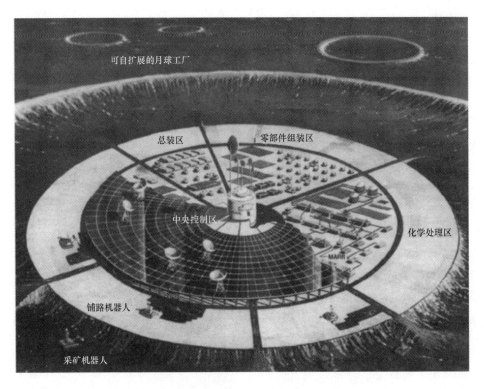

图 6.20 未来月球制造工厂的概念示意图（图片来源：Figure 6.20）

于最终产品的装配区。注意铺路机器人的存在,用于为设备和基础设施的安装打造坚实的基础。这可通过在大约 1800℃ 的温度下熔化原材料和月壤,然后让其冷却并凝固成一种非常坚硬的材料来实现。如果在几十分钟内冷却,液态玄武岩将迅速淬火,变成坚固但易碎的聚合玻璃状物质,因此容易开裂①。如果允许熔融玄武岩冷却几小时,从完全液态到 1460℃ 以下的固体,它将退火成脆性小得多的晶体材料。然而,采用这种方法需要更多的精力和时间。如果选择第一个方案,路面将被划分为约 $1m^2$ 的板块,以限制裂缝的扩展。缓慢冷却方法能够形成连续的表面。考虑到低重力环境和设施可能产生的表

知识链接：

① 月球表面有大量的玄武岩,易于加工,结构强度好。它是一个坚实、持久、清洁的表面,是支持道路交通和制造工厂的机器和设备的理想选择。

面负荷,3cm 厚的路面就足够了,机器人操作的几种方式是可能的。例如,机器人可以挖出一个适当尺寸的洞,接收月壤并在内部熔炉中熔化,然后将底部熔渣排回洞中,将其整齐地填满。该熔炉可以通过电阻加热、电弧加热、感应加热或甚至更好的阳光直射来操作。

在所描述的设施中,在制造区域周围的圆形坑中开采资源,原材料被运送到沿着化学处理器的入口路线排列的大型料斗处。回收的挥发物、耐火材料、金属和非金属元素被送往制造区,用于制造单个零件、工具、电子元件(视情况而定)。装配区用于将零件组合成复杂的产品。来自加工区的不需要的废物和残渣将被装入料斗,并作为垃圾填埋到挖掘坑。通过这种方式,新的路面被循环利用,准备用于铺路,以允许制造工厂未来的径向扩展。

在地球上,工厂往往专门制造特定的产品。在月球上(实际上在小行星和任何其他行星体上),矿山和制造工厂位于同一地点的设施必须根据其附近可用的资源来确定其产品范围。当然,这并不是说不能采用地球上方法,但将采矿与制造分开将需要更复杂的设备来运送原材料。这可以使用卡车和火车,或跳跃式航天器,或是两者的混合。

月球上使用的制造工艺和设备将与地球上使用的类似,并根据六分之一的重力环境特点进行调整。根据预期的工艺制造流程,在设备尺寸方面既有优点也有缺点。即使是在月球两极的高地,也不能保证在 100% 的时间里都有阳光,尽管它已经很接近这个数字,远离两极极区的地方就意味着长达两周的月夜黑暗时期。这将不可避免地意味着需建设核电站,以提供工厂持续运转所需的热能和电能。将在第 7 章探讨太空中的核能,因为我们将考察目前在开发民用反应堆方面的进展,这些反应堆可以很容易地推广到太空中安全使用。

当考虑小行星的资源利用及加工制造时,最简单的选择是开采小行星的资源,并将原材料运送到位于地球轨道上的加工厂。

参考文献

[1] NASA (1970). *Space processing and manufacturing*. [online] NASA. Available at: http://www.ntrs.nasa.gov [Accessed 27 Jun. 2019].

[2] NASA (1982a). *Advanced Automation for Space Missions*. [online] NASA. Available at: ht-

tp://www.ntrs.nasa.gov [Accessed 27 Jun. 2019].

[3] NASA (1982b). *Space Operations Center system analysis study extension. Volume 1: Executive summary.* [online] NASA. Available at: http://www.ntrs.nasa.gov [Accessed 27 Jun. 2019].

[4] NASA (1983). *Conceptual design and evaluation of selected Space Station concepts: Executive summary.* [online] NASA. Available at: http://www.ntrs.nasa.gov [Accessed 27 Jun. 2019].

[5] NASA (1984). *Space Station Automation Study: Automation requirements derived from space manufacturing concepts, volume 2.* [online] NASA. Available at: http://www.ntrs.nasa.gov [Accessed 27 Jun. 2019].

[6] NASA Ames Research Center (1973). *Feasibility of mining lunar resources for Earth use Volume 2.* [online] NASA. Available at: http://www.ntrs.nasa.gov [Accessed 27 Jun. 2019].

[7] NASA Johnson Space Center (2000). *TransHab: NASA's Large-Scale Inflatable Spacecraft.* [online] NASA. Available at: http://www.ntrs.nasa.gov [Accessed 27 Jun. 2019].

[8] NASA Marshall Space Flight Center (1970). *Space Manufacturing Machine.* 3,534,926.

[9] Seedhouse, E. (2015). *Bigelow Aerospace. Colonizing Space One Module at a Time.* 1st ed. Praxis Publishing.

[10] Wuenscher, H. (1970). *Space manufacturing machine.* 3,534,926.

图片来源

Figure 6.1: Space Operations Center. System Analysis Study Extension Final Report Vol I Executive Summary. (1982). [pdf] NASA, p.48. Available at: http://www.ntrs.gov [Accessed 24 Jul. 2019].

Figure 6.2: Conceptual design and evaluation of selected Space Station concepts: Executive summary. (1983). [pdf] NASA, p.7. Available at: http://www.ntrs.gov [Accessed 24 Jul. 2019].

Figure 6.3: Conceptual design and evaluation of selected Space Station concepts: Executive summary. (1983). [pdf] NASA, p.8. Available at: http://www.ntrs.gov [Accessed 24 Jul. 2019].

Figure 6.4: Space station automation study-satellite servicing, volume 2. (1984). [pdf]

NASA, p. 62. Available at:http://www.ntrs.gov [Accessed 24 Jul. 2019].

Figure 6.5: A Study of Concept Options for the Evolution of Space Station Freedom. (1990). [pdf] NASA, p. 12. Available at: http://www.ntrs.gov [Accessed 24 Jul. 2019].

Figure 6.6: Solar dynamic power system development for Space Station Freedom. (1993). [pdf] NASA, p. 44. Available at: http://www.ntrs.gov [Accessed 25 Jul. 2019].

Figure 6.7: Space manufacturing machine Patent. (1970). 3,534,926.

Figure 6.8: Space station automation study: Automation requirements derived from space manufacturing concepts, volume 2. (1984). [pdf] NASA, p.5. Available at: http://www.ntrs.gov [Accessed 25 Jul. 2019].

Figure 6.9: Space station automation study: Automation requirements derived from space manufacturing concepts, volume 2. (1984). [pdf] NASA, p.20. Available at: http://www.ntrs.gov [Accessed 25 Jul. 2019].

Figure 6.10: Space station automation study: Automation requirements derived from space manufacturing concepts, volume 2. (1984). [pdf] NASA, p.39. Available at: http://www.ntrs.gov [Accessed 25 Jul. 2019].

Figure 6.11: Space station automation study: Automation requirements derived from space manufacturing concepts, volume 2. (1984). [pdf] NASA, p.44 Available at: http://www.ntrs.gov [Accessed 25 Jul. 2019].

Figure 6.12: Space station automation study: Automation requirements derived from space manufacturing concepts, volume 2. (1984). [pdf] NASA, p.62. Available at: http://www.ntrs.gov [Accessed 25 Jul. 2019].

Figure 6.13:https://images.nasa.gov/details-iss031e079317.html

Figure 6.14:https://images.nasa.gov/details-iss029e039219.html

Figure 6.15: Space Processing and Manufacturing. (1970).[pdf] NASA, p.377. Available at: http://www.ntrs.gov [Accessed 25 Jul. 2019].

Figure 6.16:www.nasa.gov/sites/default/files/thumbnails/image/s115e05401.jpg

Figure 6.17:https://images.nasa.gov/details-iss029e039219.html

Figure 6.18:http://spaceflight.nasa.gov/gallery/images/station/transhab/lores/s99_05362.jpg

Figure 6.19:www.flickr.com/photos/nasa2explore/44722263875/in/album-72157702855486404

Figure 6.20: Advanced Automation for Space Missions. (1982). [pdf] NASA, p.223. Available at: http://www.ntrs.gov [Accessed 25 Jul. 2019].

第 7 章
梦想成真

7.1 通往有价值的太空计划之路

杰勒德·奥尼尔(Gerard K. O Neill)在他的《高边疆》一书中提出:空间活动的长期目标应该是结束全人类的饥饿和贫困;为世界人口寻找高质量的生活空间;在没有战争、饥荒、独裁或胁迫的情况下实现人口控制;增加个人自由和每个人的选择范围;每个人都可以获得无限的低成本能源;无限的新物质来源,无须偷窃、杀戮或污染。

在第 1 章中引用了这一点,虽然这听起来很像是一厢情愿的科学思考,但开发一个有可能实现奥尼尔列出的一些长期目标的太空计划,换句话说,一个值得进行的太空计划,并不超出我们目前的能力范围。前面的章节已经提供了关于在邻近天体(如月球和近地小行星)上如何开发利用原材料的精神食粮;同时也介绍了开采和加工地外天体资源的基本原理,以及如何在太空失重环境和低重力天体环境中进行加工制造。

除了专业出版物和科普杂志之外,这些技术目前并不存在。事实上,不存在地外资源开采,更不用说制造出在地球上能使用的任何有意义的产品。让人感到不安的是,很少有人致力于理解如何从不存在的地外资源开采和制造,转变为将这些活动视为人类社会和经济的组成部分。这就像你希望在喜欢的地方度假,或许是去你梦想已久的地方参观,但实际上你并没有旅行计划。从这个意义上说,无论是在纸上还是在屏幕上,即使是科幻作品都令人失望,因为它们设定在未来人类已殖民了太阳系(如果不是整个银河系)。因此,虽然可以欣赏到一个生活在庞大的空间站中的社会,以及充满人工智能的航天器如何穿越浩瀚太空的令人惊叹的图景,但没有努力去解释这种情景是如何发生的。今天的现实和明天的美好愿景之间存在着巨大的鸿沟,需要以一种可行的、现实和可持续的方式来跨跃这道鸿沟。同样重要的是,这样做是为了真正有意义的事业。正如第1章结尾所指出的,一个合理的、令人信服的和有影响力的动机,是利用空间资源来帮助"保护我们壮丽的地球生物圈,并与其无数的生态系统和谐相处"。如果不是为了真正的实用目的而向太空扩张,那么太空探索将不可避免地沦为人类成就历史书中的一个小附录而已。

"阿波罗"计划只进行了6次月表之旅就结束了,它的终止就是因为没有令人信服的理由来继续执行这样的任务。这就是为什么本节的主题是"梦想成真——通往有价值的太空计划之路"。"价值"来自寻求建立一个以太空为基地的制造业,通过减轻我们对地球生物圈造成的压力,利用空间资源造福地球人类社会,因为这是唯一能够支持人类文明世界可持续的路径[a]。

前几章介绍了太空采矿和制造所需的技术和工艺方法。现在,我们将审查一条通往这样的未来的可能道路。

7.2 进入太空的廉价方式

任何交通工具,无论是简单的独木舟还是喷气式飞机,都可以设计为可重复使用的,否则就没有意义了。如果认真考虑到设计和制造交通工具、购买原材料、劳动力、制造设施等所付出的代价,就没有人会在一次航行后丢弃掉自己的交通工具。然而,在过去的60年里,航天工业一直是以这种方式运作着,发射昂贵的火箭,而不回收和重复使用它们。

这是冷战时期的持久遗产,迫使美国和苏联为核弹头和火箭制造出洲际弹

---

[a] 尽管"路径"的说明让人联想到成就的顺序推进的概念,即只有在前一步完成后才会追求新的一步,但在本章中"路径"的概念在更广泛的意义上使用,即以平行或并行的方式从事各种事业,所有这些事业都旨在实现同一目标。

道导弹,发射侦察、预警和通信卫星,向太空发射东西,甚至仅发挥了宣传的作用。由于时间和金钱都非常宝贵,火箭的发展方向是一次性发射,这是更快的选择。如果认为火箭发动机本质上是一种以可控方式驯服强大爆炸能量的装置,就很容易理解火箭设计实际上是火箭的科学。若将它们可重复使用,虽然并非完全不可行,但需要花费时间和金钱,而在超级大国试图以越来越快的速度超越对手的时候,这些时间和金钱是无法获得的。除了航天飞机采用了高度的可重复使用性(尽管只有通过昂贵的维护才能实现)外,各国的运载火箭一直是一次性使用的消耗品[a]。事实上,尽管已经有更多的设计经验和技术进步,火箭制造商仍选择保留他们的收益,而不是投资于研发新项目,以形成可重复使用的产品。

在太空探索技术公司(Space Exploration Technologies Crop.,SpaceX)[①]和蓝色起源(blue origin)成为火箭发射服务提供商之前,情况一直如此。这两家公司不需要再向读者介绍,它们经常出现在媒体上。每个人的背后都有一位亿万富翁,他们对人类在太空中的未来有着自己的愿景,以及实现这一愿景的决心和个人财富。尽管他们的目标有些不同,但两家公司都通过研发可回收和重复使用的运载火箭,在发射服务行业掀起了一场革命。

SpaceX 的代表性产品是"猎鹰"9 号运载火箭,这是一种两级运载火箭,已为商业和政府客户完成了数十次发射。这种火箭是在精益制造过程中完成

知识链接:

① SpaceX 总部位于加利福尼亚州霍索恩,在埃伦·马斯克(Elon. Musk)的领导下,其战略目标是殖民火星。蓝色起源是由亚马逊首席执行官杰夫·贝佐斯(Jeff Bezos)建立的,总部设在华盛顿州的肯特,并正在寻求将重型和污染型制造业转移到太空。

---

[a] 近年来,中国和印度等新兴航天强国通过同样的模式发展了自己国内的航天产业。

组装的,最大限度地降低了运营成本,从而降低了客户相对于其他供应商的价格。例如,在可重复使用模式下,将 5.5t 重的载荷送入地球静止轨道的"猎鹰"9 号运载火箭的价格为 6200 万美元,而使用联合发射联盟(united launch alliance,ULA)最小的"阿特拉斯"V 号火箭运送 4.9t 重载荷的最低价格为 1.09 亿美元。在可重复使用模式下,由三枚"猎鹰"9 号运载火箭芯级捆绑而成的"猎鹰"重型运载火箭,可以 9000 万美元的价格向同一目的地运送 8t 货物。

另一个令人信服的论点是,"猎鹰"9 号运载火箭的第一级能够飞回并降落在发射场附近的发射台上,或者降落在海上的自主驳船上,如图 7.1 所示。经过短暂的整修后,芯级可以再次飞行,购买该型运载火箭的客户可以使用先前飞行过的芯级以进一步节省成本。该公司正致力于使用 10 次飞行任务后无须翻新,直到进行 100 次飞行任务后才进行翻新。2017 年,SpaceX 开始常规性地使用回收后的芯级,并迅速接近几乎停止生产新的芯级的时间点。"猎鹰"重型(Falcon Heavy)运载火箭实际上还是"猎鹰"9 号火箭,只不过在火箭两侧各加

图 7.1 (见彩图)在另一次成功发射后,SpaceX 公司的"猎鹰"9 号运载火箭的第一级即将着陆(图片来源:Figure 7.1)

一个"猎鹰"9号火箭的第一级,所有这些都是可回收和重复使用的①。

更重要的是,该公司正在积极研发一种新型运载火箭,使迄今为止建造的所有东西都相形见绌,包括"阿波罗"时代最强大的"土星"5号登月火箭。它由一个名为"超重型"(super heavy)的第一级和一个名为"星舰"(starship)的第二级组成②。在其初始设计方案中,它将能够运送100t货物到低地球轨道,并可实现完全重复使用。它强大的运载能力旨在使马斯克能够实现在火星上建立人类定居点的愿望。

蓝色起源公司也在加快其小型"新谢泼德"(new shepard)火箭和乘员舱的开发和测试步伐,这两种火箭和乘员舱都是可完全重复使用的。这些都是为了服务于商业市场而设计的,如将普通人送到100km的亚轨道高度,体验几分钟的失重状态,并为NASA及其研究机构进行科学实验。更大的、完全可重复使用的两级"新格伦"(new glenn)火箭能够将高达45t重的有效载荷送入低地球轨道。

SpaceX和蓝色起源公司正在做的是真正改变"游戏规则"的事情,因为它们正在以其他发射服务供应商目前报价的一小部分,就实现了可重复使用和发射重型载荷的能力。

为了理解为什么这很重要,让我们考虑"运工具压迫(launcher oppression)"。一次性使用的运载火箭的飞行成本太高,因为制造这种运载工具而投入的物质和财政资源全部用于一次性的飞行任务,这意味着高昂的价格。因为考虑到制造火箭的总成本(每次都是从零开始制造全新的火箭),再加上公

> 知识链接:
>
> ① "猎鹰"重型运载火箭使用的三个芯级与典型的"猎鹰"9号运载火箭芯级略有不同,因为它们的结构在特定区域进行了加强,以考虑到三个助推级相互传递载荷所施加的额外动态力。
>
> ② SpaceX有一个令人恼火的习惯,那就是不拘泥于名字。"星舰"这枚火箭尤其如此,它的名字已经改了好几次。当你读这本书的时候,可能会正使用不同的名字,但那是相同的运载工具。

司追求实现的收益。由于发射次数很少,而制造新火箭又很耗时,发射服务供应商和客户都不希望看到他们的投资在发射台上或起飞过程中付之一炬。即使只使用一次,火箭也必须足够可靠,以确保客户要求的任务成功。如果发射任务失败,那么有效载荷很可能与任务和预期回报一起丢失。当然,可以建造新的运载火箭和航天器来重新发射,但这并不像听起来那么简单。对于商业或军事载荷,新的资金来源可能会得到保障,但对于像星际探测器这样的科学任务来说前景将是严峻的。即使重新制造了一艘新的航天器,也存在一个问题,那就是找到在恰当的发射时间段中正好有空缺的火箭供应商。通常,在客户有第二次机会将其有效载荷送入太空之前,这需要等待数年时间。因此,高可靠性是决定火箭发射总成本的一个极其重要的指标。

这对航天器的设计产生深远的影响,所有用于太空的硬件都是为了完美运行而设计和制造的。然而,失败确实会发生。为什么不能在太空中修复它们?由于每年可进行的发射次数很少,而且任务成本高,对于能够通过在轨补加或服务等方式进行维护和维修轨道资产的航天器来说根本没有有利可图的市场。如果卫星发生故障,缺乏在轨故障恢复服务能力意味着在轨资产必须注销,即使故障是可以修复的[a]。这将转化为对航天器进行成本高昂且耗时的开发和测试,以确保在轨的全寿命周期内都能完美运行。航天器的研发并没有所谓的原型,制造的航天器既是原型也是真实的产品。对于星际任务、星球车和天基望远镜项目而言情况更是如此。由于缺乏廉价的运载火箭以及发射机会稀少,对于每一个被选中建造的探测器或望远镜来说,都有数十个其他项目被放弃,因为只有少数几个任务能获得资金支持。对于行星际探测器而言,发射窗口的严格限制带来了额外的复杂性,发射窗口将充分利用行星对齐或相遇的机会,这将极大地缩短了行星际探测器的航行周期,有时会将航行时间缩短至数年。这也就意味着能大量减少完成飞行任务所需携带的推进剂,省下的重量将允许携带更多的科学载荷。在发射失败的情况下,即使可以制造出备份的探测器,下一个可用窗口可能不如预期窗口有利。飞行任务规划者可能必须审查飞行任

---

a 唯一一次进行在轨维修是在航天飞机任务中。

务目标,以适应恢复的发射要求。此外,由于星际航行时间可能被大大地延长,从而增加了运载工具发生故障而损坏的风险。

总之,从航天时代初始缺乏的可重复使用和廉价发射服务的能力,就极大地阻碍了航天的发展。它造成了一种类似于左右为难的局面,由于发射航天器成本高昂而且发射机会不多,因此只能制造少量航天器。这是典型的由纳税人资助的科学任务,向太空发射的航天器数量有限,就意味着运载火箭制造商的订单很少,从而增加了他们的产品成本而无法赚取利润;此外,高成本的发射费用强化了这个循环。用我的话来说,这就是典型的"运载工具压迫"。在发射每千克载荷约 25000 美元的平均成本下,任何航天计划所能实现的目标都将受到严重限制。但可重复使用和廉价的重型运载能力消除了这一瓶颈,为实施真正有价值的航天计划扫清了道路。

在第 3 章简要介绍了建立地外天体采矿设施所需的各阶段。首先是勘探阶段,要求进行全面的矿产资源勘探,以确定感兴趣的资源的地理分布。正如第 2 章所强调的,人们对月球和小行星资源的了解仍然很粗略,主要来源于从轨道或使用地面天文仪器进行的光谱、光度、雷达和干涉测量分析[①]。"阿波罗"号机组人员采样返回的几百公斤样本,不足以准确绘制出月球资源的分布和丰度情况,而通过单个探测器所获得的小行星样本物质也仅有几克![②] 真正有价值的航天计划的前提条件是对资源供应和富集情况进行深入了解,例如土壤粒度分布和研磨性,松散压实风化层的深度,机械性能(剪切强度、硬度、抗

知识链接:

① 光谱法分析是用于从物体表面反射的光以推断其成分;光度法是用于测定天体的自转速率和形状;雷达和干涉测量法是用于测量天体的质量和大小。

② 日本机器人探测器"隼鸟"(Hayabusa)号于 2005 年 11 月从丝川(Itokawa)小行星带回了一批微小颗粒的样本。希望当你读本书的时候,其他任务已经从其他小行星上带回了更多的样本。

压强度、摩擦角和弹性模量等)，表面形貌，地球化学和地球物理性质(电阻率、重力和孔隙度等)，以及地震和电磁勘测等，以帮助仔细勘察目标的内部特性。诸如此类还有很多。

　　SpaceX 和蓝色起源公司的可重复使用、价格合理的重型运载火箭，在其宽敞的整流罩内，可以装载更多的高度自动化的轨道飞行器和星球车，从而增加人们对月球和小行星资源的了解。同时还需要使用空间望远镜星座来观测近地小行星并绘制小行星带的地图。迫切需要了解哪些资源是可用的，这必须以一致的、迅速而高效的方式进行。我们再也不能等上几年才派出一个小型探测器来收集一撮粉末状的样本，这将要求制造工厂大量生产出这种航天器。大规模生产也许是一个比太空硬件更适合消费产品的术语，但它不会超出我们的能力[①]。除了降低生产成本外，它还推动了更快的硬件开发和技术进步。如今，信息技术、电子消费设备和汽车产品已经日新月异，人们再也承受不起"运载工具压迫"强加的长达数十年的研发周期。有了正确的基础设施，如果航天器在前往目的地的途中，或在执行任务的中途发生了无法补救的故障，就可以从与其同批次航天器发生的故障中吸取教训并迅速建造替代品。这样，可以快速完成产品的升级改进。在这个过程中，开发和制造成本进一步降低，这是因为我们正逐渐接近大规模生产的状态。下一步为专门任务创建一组航天器舰队，例如，可用一种类型的月球车在月球高地进行岩心取样，另一种类型的星球车仅用于对 M 型小行星（富

知识链接：

　　① 只要看看 SpaceX 是如何为天基互联网大规模生产星链卫星的，一次可发射 60 颗卫星，就可以明白我们具有的能力。

含金属)进行采样。还可以单独制造出另一种类型的飞行器,通过使用光谱分析法探测更多的小行星。

开展如此广泛的勘探活动的结果是能够选址出第一批值得资源开发的月球矿区和小行星。有大量的文献是关于如何选出既能够满足科学研究,也能够满足采矿要求的可到达的月球地区,或两者兼有。至少在初期阶段应该在地形障碍尽可能少的地区进行采矿。月球采矿区肯定需要设置着陆和发射台,运送采矿设备、居住舱、备件、补给物质等,以及将开采的资源运送到加工厂——最有可能是在地球轨道上,但也可能是在月球或月球轨道上的其他地区。一个相对平坦的天体表面,有相对较少的陨石坑和巨石将是最受欢迎的选址区。这将简化露天采矿的使用设备(如第3章中介绍的铲斗),并适应加工厂机械设备和人类居住系统的需求。其他主要问题是关于地形地貌特征,可能会最大限度地减少挖掘的困难,并极大地帮助将原材料转运到加工厂,同时充分利用六分之一的重力。地形地貌还会影响到管理在现场作业的机器人和机械设备所需的通信网络类型,在月球上建立类似GPS的卫星星座很有吸引力,但在初始阶段可能并不可行。因此有必要从设置单个天线杆开始,以指挥所有机器人设备的操作,但当采矿站点扩大时,必须增加中继设施,因为月球上的地平线比地球上的地平线更近。任何山脊、陨石坑边缘和山峰都有可能严重限制视线,因此最好选择一个地形能够最大限度地支持使用最少数量的天线接收杆的区域。

至少在初期阶段应选择一个能够获得尽可能多的资源(如铝、硅、钛、铁、氧和氢)的地点是有意义的,月海和高地交界处区域将满足这项要求。图7.2所示为在此类区域内的一个可信的月球采矿和选矿厂。为能方便地到达这两种类型的地形区域,采矿现场被划分为两个露天矿区。每个矿坑中用运输传送带运送由斗轮挖掘机(或任何其他挖掘机系统)挖出的矿石等原材料,然后将其装载至输送机,再运送到选矿厂。采矿地点也可以设置在地表下面,很可能实行地表和地下混合采矿。

我们应该首先考虑哪个目的地?应该关注月球、近地小行星还是主带小行星?答案取决于多种因素。当然,可用的和期望的资源将是决定去哪里采矿的重要考虑因素;然后是到达任何指定目的地并带着可用的样本等有效载荷返回

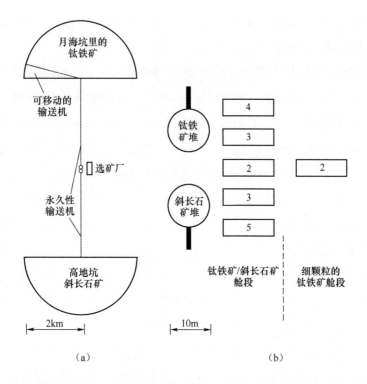

图7.2 月球采矿和高地与月海地区交界处的选矿厂的示意图(图片来源：Figure 7.2)

所需耗费推进剂的成本。说到太空飞行,目的地之间的距离并不像在两点之间航行所需的推进剂那么重要。事实上,星际航行受到万有引力定律的约束,要从一个天体运输到另一个天体,就必须对抗它们的引力场。唯一的方法就是加速,通过改变航天器的动能[a]。引力场越强,所需的ΔV越高。火箭方程式$\Delta V = I_{sp} g_0 \ln(m_{initial}/m_{final})$表示火箭发动机可提供多少$\Delta V$,或者相反,对于所需的$\Delta V$,必须预算出需要多少推进剂。以秒为单位定义的比冲$I_{sp}$(数值越高越好),反映了火箭发动机在推力方面的效率。化学推进是目前运载火箭发射系统广泛使用的,它通常使用两种类型的推进剂(例如液氢与液氧)进行高能放热反应,其理论极限为455s。事实上,已经达到了这个极限。括号之间的术语分别表示在发动机点火离开点 A 时飞行器的质量$m_{initial}$和在 B 点处剩余的质量

---

a 这种变化用符号ΔV或字母 Delta-V 表示。

m_{final}，g_0是与天体相关的重力加速度。

简单地说,这个方程表明,为了实现所需的速度变化,火箭设计师只能在两个设计参数上进行努力。如果考虑恒定质量比,则比冲越高,ΔV越大。很快就会看到,可替代的推进方式能够提供比化学推进高得多的比冲。干预质量比看起来并不那么简单。初始质量和最终质量之间的差值主要是用于实现速度变化的推进剂消耗量。一旦到达目的地,最终质量必须包括有价值的有效载荷质量。因为质量比是对数函数,所以ΔV越高,质量比就越高。理论上,极限情况是携带了太多的推进剂,从而使得有效载荷质量(最终质量)变为零。

从近地轨道的起始点(如400km的高度)登陆月球,所需的总速度增量为6km/s,这包括了前往环月停泊轨道和着陆月表的旅程。为了返回近地轨道,必须预算出3km/s的ΔV(较小的数值表示月球的引力较弱)。因此,9km/s的总速度变化对于从地球轨道到月球表面的往返旅程是必要的。相比之下,许多容易接近的近地小行星的总速度增量为4.5~5.5km/s。尽管月球离地球近得多,但其1/3g的重力场意味着它是一个比重力场可以忽略不计的小行星昂贵得多的目的地。这意味着,在月球上着陆比在小行星上着陆需要燃烧(和携带)更多的推进剂,从而限制了能够携带的有效载荷质量。此外,虽然在月球上可以通过从月壤中提取水并将其电解为氢气和氧气来原位生产推进剂,但在月球上起飞所需消耗的推进剂质量,将比从小行星上起飞所需的推进剂消耗量更大。

因此,考虑到上述所有因素,由经验和技术决定哪个目的地更适合作为我们的资源开发目的地之前,很可能在月球和小行星上都会进行资源的探索和开发的演示验证试验。

7.3 尝试和错误,然后更多的尝试和错误

极有可能的是,通往有价值的太空计划之路将以大量的试验为特征。这意味着,在评估月球和小行星能提供的资源的同时,必须投入大量精力进行地外天体的采矿、加工和制造的在轨演示验证试验,直到这些技术被掌握到具备足够信心的程度。在第3章、第4章中仅仅简略介绍了开采和处理月球与小行星资源的"皮毛问题"。在第5章、第6章中也只简单地说明了低重力制造所带来的复杂性和可能性。专业性参考文献中有大量的关于如何利用资源,或者如何

在零重力环境下制造出特定产品的深度研究报告。但是,除了最初在航天飞机上和后来在国际空间站上进行的一些研究外,大部分研究工作仍然是假设性的。现在是时候将理论付诸实践,去了解什么是有效的,如何改进它,或者什么是不可行的?

为测试和改进用于挖掘及处理特定资源的过程,所需建造和发送到月球的设备数量实际上是没有限制的。在实施对小行星探测任务时,类似 APIS 和 RAP 的航天器舰队应该首先被引导到最容易到达的目的地,以改善这些技术的缺陷。同样的努力也将发生在轨道上,在那里低重力环境下的制造工艺将经过逐步的测试,直到我们能够建造出如第 6 章所述的制造设备。有这么多的过程、技术和工作方法需要研究探索,需要回答的问题肯定也不会少。

国际空间站是一个理想的起点。可以通过增加舱段来试验在轨制造技术,或者将整个"前哨基地"的功能重新用于太空制造,而不是现在进行纯科学研究的角色。国际空间站是一个能够产生大量电能的基础设施。最初计划的建造规模由于预算限制被缩减,因此有可扩展的空间。最终,将需要建设新的空间站。尽管国际空间站是作为一个通用类型空间站而建造的,适用于开展各种研究任务,但未来的空间站可能会规模更小,并专门用于研发特定的太空制造工艺。有些可能还会使用模拟重力的旋转舱段设计,通过在轨试验来了解是否能在特定重力场环境中更好地进行在轨制造。此外,具有可变重力场的空间站能够再现目的地的重力环境,以测试在该环境中运行的设备,这将有助于把该设备运送到最终目的地之前识别并克服它存在的缺陷。

这听起来像是要安装很多硬件,确实如此,但不要忘记,我们将拥有可重复使用的重型运载火箭,蓝色起源、SpaceX 和其他火箭供应商都在开发类似的产品。硬件还是在地球上建造,并以目前一次性火箭发射价格的一小部分运送到目的地。随着时间的推移,越来越多的硬件将送入轨道,以便能够在太空或天体表面进行越来越多的研究试验。

至于太空制造,第一次试验会采用来自地球上的原材料。等待地外天体资源出现后再开始进行地外天体的制造试验是不明智的想法。建立一个有价值的太空计划需要大量的准备工作,因为太空计划到目前为止还不能解决与地外天体采矿和制造相关的关键问题。随着地外世界的资源变得可用,有关太空制造的验证试验持续进行,人类将不断地减少对地球资源的依赖。

我们甚至可以拥有自己的小行星空间站,专门用于开采特定的资源,或者专门用于开采特定类型的小行星。重新定位一颗小行星听起来可能很荒谬,但这是美国NASA为回应奥巴马政府而认真研究过的一个概念,要求航天员在2025年前访问小行星。科学家们给出的选项要么是发射一艘"猎户座"载人飞船,拦截一颗近地小行星,并在返回地球前进行30天的科学研究,要么是让小行星更接近地球,以便执行多项任务,对其进行探测、取样并最终拖离,以评估其内部结构和潜在的资源供应能力。凯克空间研究所(Keck Institute for Space Studies)是加州理工学院和美国NASA/JPL成立的联合研究所,根据该研究所进行的大量研究工作,美国NASA选择了第二种方案。它被称为小行星回收任务(asteroid retrieval mission,ARM),它由一个机器人航天器组成,能够从一个大得多的天体表面抓取一个小的小行星或巨石,质量最高可达1000t。它的动力来源是一台功率为40kW的霍尔推进器推动,该推进器由两个大型太阳能电池帆板供电,可产生高达50kW的电力。该航天器将把这颗小行星定位在地月系统的远距离逆行轨道(distant retrograde orbit,DRO)上,该轨道位于月表上方70,000km的高度。尽管NASA在开发和测试ARM任务中航天器所需的关键技术方面取得了相当大的进展,但在2017年12月11日,特朗普政府的一项太空政策命令使得美国NASA不得不取消了ARM任务,转而集中精力在重返月球任务上。这是一种耻辱,因为小行星资源开发及利用正是这里所倡导的技术路线图中的基础能力。

APIS和RAP任务中的探测器是ARM任务的理想替代品,因为两者都有潜力将小行星转移到离地球更近的地方并进行深度采矿和加工制造。事实上,根据小行星及其成分的一致性,可能需要额外的设备,这些设备最好停留在地球附近,在那里可以持续使用,而不是在穿越太阳系的多年星际旅程中使用。这将是一个权衡取舍的问题,通过任务分析及参考过往的经验,将决定在何种情况下哪种选择是最好的。最有可能的是,将原位采矿和重新定位到地月系统中某个方便的地点相结合。

我们的目标是创建天基制造业,通过利用在太空中提取的资源来满足地球上的需求,因此有了"天基"这个形容词。我们需要从地球进口的资源中获得尽可能多的自主权。虽然从一开始,太空制造设备的试验和开发将依赖地球上的原材料,但从长远来看,必须打破这种依赖,以减少(如果不是真正消除)地球上的采矿活动带来的污染。实现这个目标将是指导最初的太空制造活动来试验自我复制的良方。

实现自我复制需要创建轨道工厂,以便能够生产出维护、维修、扩展和复制所需的组件,包括加压模块、贮箱、管道、太阳能电池板、散热器、结构元件、电子设备、计算机等。它涉及制造出能在月球和小行星上勘探采矿地点的探测器,以及深空探测任务所需的采矿设备和车辆。如果轨道加工厂能够制造出 APIS 和 RAP 任务所需的航天器,或者专门用于特定任务的采矿航天器,就有可能逐步取消从地球发射勘探和采矿用的航天器,其结果必将进一步促进资源评估、采矿和原材料的回收再利用。

在太空制造的早期阶段可以建造星际探测器、科学卫星和空间望远镜。对于现在获得资助的每一项科学任务,都必须放弃几个竞争性的提案,即使它们最终能够产出大量的科学知识。在未来,我们可以向太阳系八大行星的每个主要卫星派遣行星际探测器,或者建造多个哈勃望远镜,让更多的天文学家进行观测。用于清除轨道碎片的航天器将是太空制造的另一个实际应用的范例。这是个及时的问题,因为数千颗卫星和火箭留下的碎片对轨道空间的污染一直受到极大关注,凯斯勒综合症(Kessler Syndrome)[①]的情况经常

知识链接:

① 美国 NASA 科学家唐纳德·J. 凯斯勒(Donald J. Kessler)于 1978 年提出的凯斯勒综合症是一种假设,在这种假设中近地轨道上的物体密度足够高,以至于物体之间的碰撞可能导致连锁反应,其中每次碰撞又会产生新的空间碎片,从而进一步增加碰撞的可能性,最终的结果是导致整个的近地轨道不可用。

发生。虽然我们还远没有触发这样的事件,但最好开发出一种能力,在太空垃圾危及功能齐全的太空资产之前清除掉规模较大的太空垃圾。同样重要的是,需要具备在轨服务能力,对卫星进行维修和升级,以延长其使用寿命。轨道碎片清除和在轨维修往往是相互关联的,因为它们共享技术和运营模式。这两项活动目前都没有真正开展的原因是,发射一艘航天器只是为了给"兄弟姐妹"航天器补充燃料,或者通过重返大气层来处理它,成本十分高昂。当这种航天器能够直接在太空中建造,可能会使用地外资源时,在轨服务才能变得可行。

初出茅庐的天基制造业的首批产品将证明,它可以被委托生产出可用于在地球上使用的功能性、实用性产品。事实上,由于航天器是复杂的产品,一旦建立了一条或多条制造和装配线,它本身就是充分的证据,证明空间制造和装配可以达到与地球上相同的标准。这将为针对地球市场的空间制造扫清障碍。但我们仍应坚持循序渐进的原则,第一个航天器或空间硬件产品可能很简单,包括在地球上制造的部件,这些可能是为演练太空制造和组装技能而设计的概念性验证器。不可避免的是,越来越多的部件将利用在太空中获得的原材料进行原位生产。

通过第6章中讨论的充气展开技术与星际飞船或"新格伦"号火箭的运载能力相结合,我们将能够以快速的方式建造小型和大型空间站,用于在轨制造研究。这样的设施可以参照第6章中的微芯片制造的方式来建造,并提供制造出上述航天器生产线所需的高科技产品的可能性。与所有的冒险活动一样,这需要通过试验来获取知识,从而确定什么是最适合特定活动的。

7.4 推进

太空旅行并不像科幻电影和小说中描述的那样,除了需要用于将有效载荷发射入轨的重型运载火箭外,星际航行的速度很慢。即使从地球到达火星,最少也需要6~8个月,那时两颗行星的距离最近。经过长达7年的太阳系之旅,现已结束了的"卡西尼"(Cassini)号任务拍摄的土星图像才开始到达。通过火箭方程会很容易理解这个问题。该方程有两个主要参数,即比冲和质量比。比冲和质量比越高,ΔV就越大,换句话说,飞行速度就越快。然而,为获得相当大的ΔV而携带大量推进剂的想法是不切实际的,因为在某个临界点上这些推进剂几乎不能推动自己,更不用说携带有价值的有效载荷。

这就是在 APIS 和 RAP 任务设想中,将地外天体的原位资源加工制造成"回家之旅"所需推进剂的原因,这是一个很好的解决方案。同样,考虑到开采小行星资源所处的轨道,它们的资源可能需要数年时间才能在太空工厂中进行制造。在理想情况下,希望火箭发动机持续工作以提供恒定的加速度,就像科幻作品中经常描述的那样。这将把原本长达几年的星际航行时间缩短到几个月甚至几个星期。然而,若采用当今普遍使用的化学推进技术,这将需要很高的推进剂消耗率,所以需携带大量的推进剂。但是,推进剂的绝对质量会减少可用的加速度,使恒定加速度的旅行变得不切实际。因此,星际航行任务的特点是在短时间的大推力点火阶段后,经历发动机关机后的极长时间的滑行段,沿着称为霍曼转移(Hohmam transfer)的椭圆形轨道以恒定的飞行速度行进[①]。

除了更短的航行时间,还希望运送更大质量的有效载荷。到目前为止,执行星际探测任务最重的是"卡西尼"号探测器,发射时的质量为 5712kg。如果认真地考虑开发空间资源,那么必须能够在合理的时间内到达目的地,并在必要时使用笨重的采矿设备进行资源开采。实际上,进行原位资源加工可能更好,只有加工过的原材料才需要运回至近地轨道。

另一种办法是增加比冲,前面已经介绍过化学推进剂是如何接近其理论极限的,即使最强大的推

知识链接:

① 在不启动发动机的情况下,提高星际探测器速度的技巧之一是在行星附近摆动以获取动能。它相当于打台球,可以通过规划两个球之间的相互作用来改变球的方向和速度。应用于星际航行,这种策略被称为飞越或重力辅助。它通常需要执行多次,从而到达太阳系中的任何目的地。

进剂组合(液氢和液氧),产生的比冲也不超过450s[①]。

提高比冲将大大节省推进剂携带量。例如,通过对火箭方程式的合理研究,我们发现,对于相同的 ΔV,将化学推进剂的比冲加倍可使推进剂需求量减少约1/2,这将使恒定加速度成为一个可行的命题。比冲是燃烧气体的温度和它们平均分子量的函数,特别是,燃烧气体的温度越高,相对分子质量越低,比冲越大。这是合理的,因为更高的温度反映了更高的动能。因此,燃烧气体从火箭喷管中流出的速度越快,产生的推力就越大。此外,分子量越低,就越容易将燃烧气体的单个分子或原子加速到更高速度以增加推力。

核热推进(nuclear thermal rocket,NTR)是一种可以达到更高比冲的推进技术,也是化学推进的替代方案。几十年来已经提出了几种方案,但原理保持不变。代替燃烧室的是核反应堆的堆芯[②]。铀裂变产生的热量被工作流体介质收集。在通过堆芯的过程中流体过热并膨胀到喷嘴中以产生推力。氢是具有最低分子量的推进剂,它可实现900s的比冲。上限是反应堆在不因熔化而造成结构损坏的情况下所能产生的热量,使用气态而不是固体堆芯的核反应堆可以获得更高的比冲量,如图7.3所示。到现在为止,核基火箭发动机的实验一直是使用固体核心,就像商业核电站中使用的那样。

在核电推进(nuclear electric propulsion,NEP)的变体方案中,核反应堆仅作为热动力源。热量被转化为电能,为电推进系统提供动力,该系统通过电场

知识链接:

① 在化学推进中使用氟或铍可以获得稍高的比脉冲,但这些物质毒性太大,处理起来也很昂贵。考虑到它们只会略微提高火箭发动机的性能,氢/氧组合是化学推进剂中所能提供的最佳组合。

② 燃烧室在化学火箭中是发动机的一部分,推进剂在此发生化学反应,在高压和高温下产生气体,然后将其导向喷嘴以产生推力,燃烧室通常是圆柱形的。

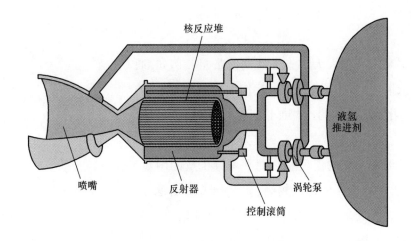

图 7.3　核热火箭的主要部件(图片来源:Figure 7.3)

和磁场加速电离气体或等离子体。根据发动机的布局,可以实现几千秒量级的特定比冲。然而,它们的推力如此之低,以至于这些发动机不能从行星表面发射,它们只适合在太空中飞行使用。另外,它们能够长时间连续运行,甚至工作数年,这意味着它们可以用于星际航行。

在各种可由核反应堆提供动力的电推进系统中,可变比冲磁等离子体火箭(variable specific impulse magnetoplasma rocket,VASIMIR)充分利用了这两方面的优点。它是由拥有过 7 次航天飞机飞行经历的航天员 Franklin Chang Diaz 博士发明的,其工作原理是将氩、氙或氢等气体注入由磁铁和无线电波耦合器包围的管子中。气体首先被螺旋耦合器发射的螺旋形无线电波电离,所产生的等离子体可达到 6000K 的温度[a],因为它由带电粒子组成,受磁场的限制和操作。第二个耦合器也称为离子回旋加速器(Ion cyclotron heating,ICH)加热系统,可将等离子体的温度提高到 1000 万度。然后,等离子体的能量被转换成轴向运动,从而可从磁性喷嘴中排出,如图 7.4 所示,这个系统的优点是它可以产生来自核反应堆的大功率,从而产生大的推力和大的比冲。通过保持功率恒定,该发动机可根据任务阶段改变推力和比冲。当在太空中的两个目的地之间航行

---

a 这与太阳光球的温度相当。太阳光球是指太阳表面最外层的一层气体,其温度约为 5500℃。

时,发动机可产生恒定和适度的推力,以获得有用的加速度和高比冲。当航天器必须在到达目的地减速时也可增加推力来减少捕获时间,但要以牺牲比冲为代价。该系统适用于在近地轨道上运输重型有效载荷,以及在月球和小行星等深空天体之间进行轨道转移运输。通过设定恒定加速,该发动机将大大缩短航行时间。

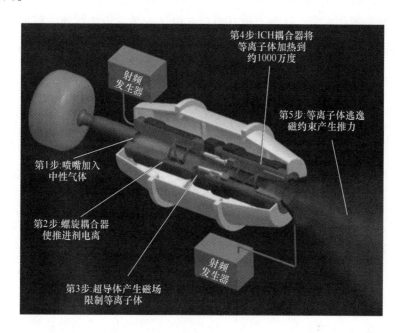

图7.4 VASIMIR的系统组成(阿德阿斯特拉火箭公司版权所有)(图片来源:Figure 7.4)

Chang博士和他在阿德阿斯特拉火箭公司(Ad Astra Rocket Company)的团队已经在VASIMIR的设计上研究了40年,他们有可能在国际空间站上安装一个原型样机。通过从太阳能电池板获取电能,它将演示这一概念。通过使用站上产生的废氢,甚至可以承担抵消一直存在的大气阻力的日常工作,这将减少从地球运送的推进剂量,以使传统发动机能够定期维持空间站的运行轨道。

7.5 能量

核能在太空中的作用并不局限于用作推进系统。如前所述,用于核电推进的反应堆为发电机提供电力而不是产生推力。核电站能为空间站、航天器或在地外天体表面建设的工业生产设施提供理想的电能。当近地轨道上的前哨站处于黑暗中时,空间站的太阳能电池板为化学电池充电以提供电力,这大约占近地轨道任务周期的一半时间。如果为太空制造活动建造非常大的空间基础设施,将需要充足的能源供应,以至于从结构和轨道高度管理的角度来看,使用太阳能变得不切实际。月球上没有布置在极区的采矿设施将面临两周的月昼和两周的月夜周期。如果它仅依赖于太阳能,此耗能的设备将有一半的时间无法运行,而核能将是获取如此巨大能量的唯一来源。

近年来,在地外天体表面部署小型模块化反应堆(small modular reactors, SMR)的想法,被认为是一种开发更安全和更经济的核电站的方法。一家位于弗吉尼亚州的 Holosgen 有限责任公司,专门从事开发移动式、可扩展的整体式核能发电机。它的霍洛斯(Holos)产品是一种紧凑型核反应堆,能够在 20 年内提供高达 13MW 的电能。该反应堆大量使用了为航空工业制造的现成涡轮机械部件,为风力发电等可再生能源系统制造直接驱动式发电机,以及为混合动力汽车等高功率电动机制造废热回收系统。所有的硬件都装在一个密封的集装箱里,四个独立的电源模块产生能量,如图 7.5 所示。每一个都是闭环的喷气发动机,其中有一个密封的亚临界核燃料室模块而不是燃烧室。工质是氦气或二氧化碳,因为它们比空气具有更高的能量承载能力。动力模块的工作原理类似于传统的喷气发动机,因为工质首先被压缩,然后被输送到燃料室,在那里它被加热并膨胀进入压缩机的涡轮中(这样它就可以继续压缩工质),并进入到发电机中发电。在进入涡轮机之后,工质被引导到热交换器,在热交换器中工质在被供给到压缩机之前被冷却。在传统的喷气发动机中,空气从喷嘴中喷出以产生推力。在此,工质流体再循环到压缩机中。反应堆本质上是安全的,只有当独立的钢制压力容器中的四个电源模块耦合在一起时它才能工作,正是在这种环境下,核燃料才能达到维持链式反应所需的临界状态,并产生热量来驱动涡轮机。电源模块的位置由自动模块定位系统的主动自动化系统控制,该系统为基于类似于飞机的飞行控制系统作动器开发的快速作动器。霍洛斯发电机可以集群使用以满足不同的能源需求,并且该产品是可扩展的。例如,能够

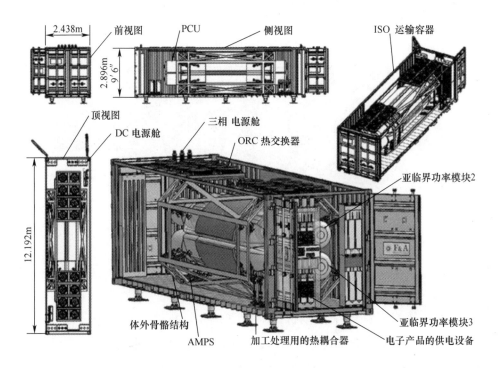

图 7.5　HOLOS 的系统组成图(图片来源:Figure 7.5)

提供高达 81MW 的版本是由四个较大的亚临界电源模块组成,每个模块都安装在一个集装箱内,如图 7.6 所示。鉴于霍洛斯反应堆的规模和作为独立发电机的能力,它可以发挥各种作用,服务于从军事基地到受自然灾害影响的地区或缺乏电网基础设施的地区。

虽然霍洛斯反应堆没有被宣传可以用于太空任务,但很容易想象这种技术将被用于为月球和小行星上的基地或为采矿设施提供动力。这种反应堆对航天员的健康至关重要,因为燃料被密封在容器中,该容器的结构可由多个防护罩加强。这项安全措施将有助于克服人们长期以来对将核材料送入太空的反感。

2015 年,NASA 与能源部和洛斯阿拉莫斯国家实验室(Los Alamos National Laboratory)合作开发了 Kilopower 项目。该公司正在寻求开发一种能够在至少 10 年内连续生产 1~10kW 的紧凑型反应堆。目前,1kW 版的核反应堆重约

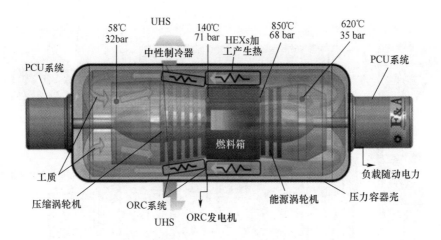

图 7.6　Holos 电源模块的示意图（图片来源：Figure 7.6）

400kg，10kW 版的重约 1500kg。它使用固体铸造铀反应堆芯，其热量通过被动钠热管传递到高效斯特林发动机，该发动机利用该热量对工质加压，以进入到交流发电机的活塞，从而产生电力。这与汽车发动机的操作并无不同。反应堆具有长寿命和高可靠的设计裕度、容错的高冗余度、适度退化以及防止燃料和失控温度的意外临界特征。它被设计成冷发射到太空，然后按需开启和关闭，就像 Holos 反应堆一样，Kilopower 采用模块化设计，可将多个模块连接起来，以满足各种能源需求。NASA 正在内华达州国家安全基地测试一个名为 KRUST（Kilopower Reactor Using Stirling Technology）的全尺寸原型样机，这是一个使用斯特林技术的 Kilopower 反应堆，也是迄今为止最有希望的结果。这种核反应堆可以为深空任务提供动力，特别是用于月球和火星上的基地，如图 7.7 所示。

7.6　外空法律

任何有关空间资源利用的值得尊重的讨论都不能忽略法律约束。《关于各国探索和利用包括月球和其他天体在内外层空间活动的原则条约》（简称《外层空间条约》）（Outer Space Treaty，OST））于 1967 年 10 月 10 日生效。截至 2019 年 6 月，已有 109 个国家成为的缔约国，另有 23 个国家尚未完成批准程序就签署了该条约。OST 的第 27 条为开展、管理和监督与太空探索有关的活动，特别

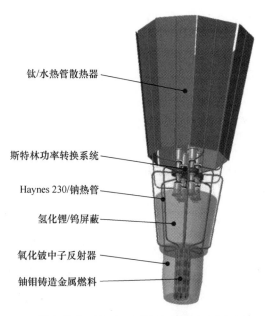

图 7.7 Kilopower 设备的主要配置和部件的示意图(图片来源:Figure 7.7)

是为利用空间及其资源指出所需遵循的国际法律条款。例如,第 1 条指出:"探索和利用外层空间……应本着为所有国家谋福利与利益的精神,不论其经济或科学发展程度如何,并应造福全人类。"此外还有,"外太空……应由所有国家在不受任何歧视的情况下自由探索和利用……可以自由进入天体的所有区域。"

随着空间资源开采的前景越来越接近现实,OST 的存在引起了相当大的争论,争议主要是由该条约的模糊性语言引起的,这反映了制定该条约的历史背景。在太空时代早期,冷战时期的两个超级大国都认识到有必要防止对方对太空的敌意升级。这就是为什么第 4 条明确禁止缔约国在轨道或天体上放置核武器或任何其他大规模毁灭性武器,并要求探索只能用于和平目的的缘故。然而,OST 也是两种截然不同的政治和经济意识形态之间的妥协:私营企业驱动的资本主义模式与国家控制的共产主义模式的对比。虽然美国希望太空开发向私人商业企业开放并与政府项目合作,但苏联表示,只有国家才应对太空活动负责。因此就第二条达成了妥协,该条款涉及有关天体或其资源的所有权问题:"外层空间……不得由国家通过提出主权主张,通过使用或占领,或任何其他方法,据为己有。"尽管这是 OST 中最短的一项条款,但它实际上代表了两种思想流派的激烈争论,其中一种认为 OST 并不禁止私人企业在地外天体上开发资源并加以利用,另一种则坚持认为它禁止一切形式的利用,无论是国家的还是私人的行为。

争论的核心是关于"国家的主权"的定义,即一个国家对其领土范围内的人民、资源和机构行使专属权力的权利。这称为"绝对领土主权"。但是政府也可以在国家边界之外行使主权。这称为"功能主权"。它仅限于某些特定条件,如对船舶、飞机和海外公民的管辖权。虽然第 2 条没有明确提到功能主权,但第 6 条暗示了这一点:"本条约缔约国应对本国在外层空间,包括月球和其他天体在内的活动承担国际责任,不论这些活动是由政府机构或是由非政府团体进行的……非政府团体在外层空间的活动……应经本条约有关缔约国的批准并受其持续的监督……。"

第 8 条不可否认地重申了这一点:"凡条约缔约国为射入外层空间物体的登记国,对该物体及其所载人员,当其在外层空间或在某一天体上时,应保有管辖权和控制权。"因此,航天器或建在地外天体表面的居住系统属于登记国管辖,但仅限于该基础设施及其占用者所开展的活动。

如果第 8 条接受一个国家的职能主权,那么第 2 条只禁止绝对主权。因此,缔约国不能通过土地主张宣布所有权。不排除私人占有,因此也不排除允许开采和利用资源的产权所有权,因为它们没有被明确提及。这一解释与"表述唯一即排除其他"的法律学说是一致的,即明确提及一件事就是排除另一件事。因此,在解释法规时,任何没有明确提及的内容都被推定为是故意选择而不是无意中被搁置的。

1979 年批准的《关于各国在月球和其他天体上活动的协定》,即众所周知的《月球条约》或《月球协定》强调了这一点。其意图是澄清 OST 的各个方面,并建立一个利用月球和其他天体的制度。《月球条约》第 11 条宣布:"月球的表面或表面下层或其任何部分或其中的自然资源,均不应成为任何国家、政府间或非政府国际组织、国家组织或非政府实体或任何自然人的财产。在月球表面或表面下层,包括与月球表面或表面下层相连接的构造物在内,安置人员、航天器、装备设施、站所和装置,不应视为对月球表面或任何区域的表面或表面下层取得所有权。"尽管名为《月球条约》,但该条约明确指出:"本协议的规定……也适用于太阳系内除地球以外的其他天体。"对私有财产权的绝对禁止表明,《月球条约》的起草者并不认为 OST 施加了这样的禁令。值得注意的是,尽管已有 100 多个国家签署了 OST,包括那些拥有本土发射能力的国家。但在 2019 年编写本书时,《月球条约》只有 18 个国家签署,其中没有一个是航天国家。据推测,航天国家并不赞同对私有产权的完全禁止。虽然 OST 现在被视为习惯国际法,使其也适用于该条约的非缔约国,但《月球条约》在法律上被视为一纸空文,其规定没有得到足够的关注。因此,OST 确实使一个国家能够承认对空间资源的私有产权。支持这种解释的另一个论点是,如前所述,美国和苏联都不想放弃他们的意识形态立场,OST 的模糊语言代表了一种可以接受的妥协。私营商业性企业驱动的美国永远不会接受对私有产权的明确禁令。

然而这个问题还远未结束,就像没有私有产权的学校的用户继续发出自己的声音。也许,现在是更新 OST 的时候了,应使用更准确和更明确的语言,以消除任何模棱两可之处,并赋予私人商业公司开展空间资源开采和其他形式空间业务的法律权力。此外,在编写本书时,太空探索刚刚开始,各国有更紧迫的问题,而不是明确批准未来私营企业在空间可以做什么和不可以做什么。正如我们所看到的,对条约的主要签署国来说,重要的是确保空间不会成为新的战场。与南极一样,开发太空的基本理由是仅用于和平目的。

2015 年,美国国会通过了《商业航天发射竞争力法案》(*commercial space launch competitiveness act*),也称为《激励私人航天竞争力和创业法案》(*spurring private aerospace competitiveness and entrepreneurship act*,SPACEAct),简称《太空法案》,这是朝着正确方向迈出的一步。除其他事项外,其中有一个关于小行星资源和空间资源权利的段落:"从事小行星资源或空间资源商业回收的美国公民……有权获得任何小行星资源或空间资源,包括占有、持有、运输、使用和出售所获得的小行星资源或空间资源的权利。"为避免对 OST 的任何侵犯,它包括了一项关于域外主权的免责声明:"国会的意思是,通过颁布本法案,美国并不因此主张对任何天体的主权或专属权利或管辖权或所有权。"

2017年,卢森堡成为第一个设立类似法律的欧洲国家。《卢森堡探索和利用空间资源法》(luxembourg law on the exploration and use of space resources)第1条明确规定:"空间资源可以被占用。"第3条明确规定:"应对为商业目的探索和利用空间资源的飞行任务的运营者予以授权。"第4条规定:"只有在申请者是上市股份有限公司或合伙企业有限公司的情况下,才应对飞行任务予以授权股份或卢森堡法律的私人有限责任公司或注册办事处位于卢森堡的欧洲公司。"

如果其他国家为自己制定类似的法律,并鼓励就国际合作条约进行谈判,以及承认任何此类协定签署国的实体的权利主张,或许这将是有益的,大大有助于有序地开发利用空间资源。

7.7 国际合作

撇开法律方面不谈,另一个关键的争议是谁应该而且有能力发展和建立一个在本章中概述的太空计划。美国和欧盟也许能够做到,尽管太空探索似乎是特别适合国际合作的领域之一。但是,如果没有广泛地整合国际资源,一些明显复杂的科学努力永远不会超越概念阶段。法国正在建造的国际热核实验反应堆(international thermonuclear experimental reactor,ITER)就是这样一个例子。几十年来,世界各地的许多科学家一直在研发核聚变发电机,公开分享了他们的发现。这是人类面临的最棘手的问题之一,因为它不仅涉及创新,更重要的是如何有效地控制微型核聚变。ITER计划不早于2025年开始工作,它将是有史以来建造的最大的核聚变研究设施,目标是实现核反应堆的点火并维持它。它还将成为技术、材料和物理集成的试验台,以实现未来商业开发基于核聚变的能源。ITER计划的组织有中国、欧盟、印度、日本、韩国、俄罗斯和美国7个成员。成员资格的主要表现形式不是提供财政支持,大约90%是以部件、系统、建筑物、硬件、软件、记录数据、研究和开发方法等各种形式进行参与计划。成员将共享ITER设计、建造和运行所产生的知识产权。例如,如果国家A负责设计和制造产生磁场以限制等离子体的超导线圈技术,该知识产权将分享给整个组织,以便所有其他成员能够学习如何制造这种线圈。当然,这些其他成员可能会发现直接从A国订购线圈更有利。如果是这样的话,成员们将能够发展其工业能力,以便将来对其专门掌握的技术进行商业开发。

如何有效管理核聚变是一个棘手的问题,以至于任何一个国家,无论其发展状况如何,都无法靠自己实现它。唯一的行动原则是进行国际合作,免费共享科学知识和工程技术。随着ITER实验的继续,以及科学和工程的磨练,任何成员都可以从ITER计划中学习,并为其工业基础设施、科学家和工程师实施各自的国内商业核聚变发电厂做好准备。ITER并不是要成为商业核聚变反应堆,它将使成员国学会如何克服这些问题,然后建造属于他们自己的商业性核聚变工厂。

正如本书所述,太空采矿和在轨制造将需要解决足够复杂的科学、技术和工程问题,以在未来几十年内占用科学家和工程师大军。如此复杂的计划将以类似ITER的方式证明国际合作的合理性,其特点是开放共享科学和技术发现。

为便于讨论,我们将其称为国际空间发展组织(International Organization for Space Development, IOSD)。它可以管理一个或多个大型载人轨道基础设施的组装和运行,以解决与天基制造有关航天器的高科技产品和硬件的基础科学和工程问题。该组织可以选择一些小行星和月球上的矿产资源地址,作为资源开发评估和采矿的候选地点。可以向小型小行星运送一个或多个前哨站,以进一步开发可能需要的有人监督的资源开采和选矿技术。IOSD将获得国际法律承认,包括具备与国家和国际组织签订协定的能力。

与国际热核聚变实验堆的情况一样,IOSD的每个成员将主要在具体部件、设备、材料、货物和服务、工作人员等方面做出贡献,成员将传播和交流所有已公布的数据、图纸、设计、计算、报告和其他文件、研究和开发方法、技术知识和流程、技术解决方案,以及由个人成员和组织本身持续开发的发明。注意,当个别成员在开展月球和小行星上采矿设施的实验研究,以及研发在轨制造的组件时,也将由该组织本身产生知识。这种知识将包括了解什么是最好的以及如何改进现有的设计。无论信息来自何处、何时或如何,都将在成员之间平等共享。

与ITER一样,这种信息将是在平等的、非歧视性、非排他性、免版税的基础上的共享,以便每个成员都能够通过承包自己的或属于其他成员的私营工业来发展自己国内的天基工业能力。最有可能的是,与ITER一样,成员可能专门设计和建造特定设备,从而成为其他成员的主要供应商。这种做法将使每个成员受益,因为他们将有一个有保障的市场和由此产生的经济回报。

这样的组织应该由国家成员还是私营企业组成?就ITER而言,每个成员都设立了一个所谓的"国内机构",将作为该组织的成员管理其所有的活动,并作为工业界的联络点。此模板可应用于IOSD。个别国家和政治或经济联盟机构也将有资格成为成员。反过来,他们将建立自己的国内机构,将其称为国家空间发展机构,赋予其促进支持IOSD工作和目标活动的专属角色,并确保知识、思想、成果和技术的开放性。与此同时,国家空间发展机构将鼓励和监督本土航天计划的发展,充分利用公私伙伴关系的协同作用。换句话说,成员会很好地激励本土私营商业企业的发展,然后充分利用它。事实是,私营公司可能比公共政府公司更快地取得更好的成果。例如,美国最近十年一直在投入大量资金开发太空发射系统(space launch system,SLS)。为了让NASA重返月球,这个一次性重型运载火箭落后于计划数年,更糟糕的是超出了预算的许多倍。在同样的时间跨度内,SpaceX以极低的成本提供了可靠的可重复使用火箭服务。在编写本书的时候,SpaceX距离推出超重型和星舰组合①轨道首飞的时间只有仅剩几年。一旦任务飞行成功,这种飞行器将开启一个将大量有效载荷送入轨道的

知识链接:

① 美国SpaceX公司的超重型和星舰组合体的首飞在2023年4月20日进行,然而星舰的首飞十分不理想,一二级箭体未分离,高空爆炸,暴露出很多问题。

时代。太空发射系统(SLS)到那时会继续使用吗？即使是这样,预计发射率也很低,可能每年只有一次发射任务。它并不是为了启动和支持这里所提倡的空间基础设施而建造的。政府机构授予合同的旨在进一步发展空间制造业的私营空间公司,将证明其对于确保更有效地完成 IOSD 任务至关重要。

国家空间发展机构将类似 1915 年 3 月 3 日成立的国家航空咨询委员会(National Advisory Committee for Aeronautics,NACA),它作为一个联邦机构主要负责监督和指导对飞行事故的科学调查,以期采取切实可行的解决方案。通过 NACA,联邦政府建立了研究设施,并资助了空气动力、推进、材料和其他航空工程学科的研究。在 1958 年并入美国 NASA 之前,NACA 在航空飞行的各个领域提供了丰富的知识,并向所有飞机制造商公开分享。结果,美国航空工业从一个简陋的组织迅速发展成为一个能够大规模生产最先进的民用和军用飞机的行业,在这几十年产生了大量的飞机设计概念,因为人们通过试验来了解飞机设计和操作的每一个可能的领域和要素。

因此,国际空间发展组织及其相关的国家空间发展机构的组织架构应类似于 NACA,并积极支持开展与地外采矿和在轨制造有关的任何学科的试验。

NACA 模式还帮助我们认识到,通往有价值的太空计划的道路永远不会结束,因为即使到达了目的地,探索的领域也是无限的。即使我们已经掌握了地外采矿、加工和制造的技术,随着新的需求和能力的显现,所需的技术也将不断发展、改进并变得更加高效。

7.8 是幻想还是现实

覆盖众多加工制造环节的太空计划无疑会引起人们对太空探索的反对意见,即太困难、太昂贵、太危险等。但人类已经取得了令人难以置信的工程成就,其复杂性可与遥远的小行星采矿,或为建造大型轨道基础设施的制造业相媲美。

以为"萨哈林"(Sakhalin)-1 号建造的贝尔库特(Berkut)石油钻井平台为例,"萨哈林"-1 号是一个由美国、俄罗斯、日本和印度的石油公司组成的国际财团。它的目标是在日本以北的俄罗斯太平洋沿岸鄂霍次克海(the Sea of Okhotsk)恶劣的亚北极气候中,每年开采出 450 万吨碳氢化合物。它的顶部结构包括钻井平台、加工设施、生活区和其他辅助设施,重达 20 万吨,坐落在四个巨大的混凝土竖井上,需要 5.2 万吨混凝土和 2.7 万吨钢材来建造。平台顶部和混凝土竖井支撑结构都是在岸上建造的,然后小心地运输到现场,并使用巨大的浮动式起重机进行组装。该平台的设计可承受 18m 高的海浪、2m 厚的浮冰压碎压力、-44℃的温度和 9 级地震。石油钻塔往往是露天建筑,但在严酷的亚北极气候中,必须有沉重的冬季装备才能在恶劣的环境中工作。没有人愿意像这样连续工作几小时,当然不是在执行一项危险的、需要保持警惕以避免致命错误的工作。因此,在这种情况下,包括用于钻井设备的井架的整个平台完全密封,避免恶劣环境,并由四个 60MW 燃气轮机和三个 5.4MW 辅助柴油发电机日复一日地连续供电,如图 7.8 所示。实际上,贝尔库特石油钻井平台就像一艘航天器,因为它是完全独立的,能够抵御地球上最不宜居的环境。

图 7.8 (见彩图)贝尔库特石油钻井平台(图片来源:Figure 7.8)

采矿业从未像现在这样决心征服最不适宜居住和最难以接近的环境来获取他们的财富。易于开采和有利可图的矿区正在迅速枯竭,不再具有经济开采的可行性。新来源之一是深海海底及其潜在的金属矿物来源,特别是高品质的铜、金、锌和银。它们是通过海底火山活动从地幔中提取的,典型的热液活动是从烟囱状结构中产生的富集流体。鹦鹉螺矿业公司(Nautilus Minerals)的目标是成为第一家对海底进行商业勘探及开采此类资源的公司,该公司一直忙于研发海上石油和天然气行业的采矿设备,以及从事挖掘和采矿行业。目前,该公司拥有Solwara-1矿床的采矿租约,该矿床位于俾斯麦海(Bismarck Sea),属于巴布亚新几内亚独立国的领海。有三种设备将被下放到1600m深的海底设备,包括辅助切割机、批量切割机和收集机。切割机要连续地分解岩石材料,就像一些用于采煤机械或陆地上的其他散装材料一样,图7.9所示为鹦鹉螺矿业公司的辅助切割机,图7.10所示为鹦鹉螺矿业公司的批量切割机。图7.11所示为鹦鹉螺矿业公司的收集机。机器人收集机将使用内部泵将沙子、砾石和淤泥引导到一个柔性管道中,然后再通向立管和提升系统。从那里,含有破碎岩石的海水泥浆将被送往加工生产船,这是一艘可容纳180人的大型船只。脱水后,回收的岩石将暂时储存在船体中,直到卸载到第二艘船上,每隔5~7天来运输一回,与此同时,从岩石中分离出来的水将再排放到海底,通过避免与海底上方水柱的混合,最大限度地减少采矿作业对环境的影响。

图7.9 (见彩图)鹦鹉螺矿业公司的辅助切割机(图片来源:Figure 7.9)

图 7.10 （见彩图）鹦鹉螺矿业公司的批量切割机（图片来源：Figure 7.10）

图 7.11 （见彩图）鹦鹉螺矿业公司的收集机（图片来源：Figure 7.11）

鹦鹉螺矿业公司正在为他们的第一个深海海水搜寻项目做准备,另一项采矿活动已经在非洲海岸进行了几年。这次的产品不是制造业的矿产而是钻石。由 De Beers 公司所有,MV Mafuta(原名"非洲和平"号,是一艘挖泥船)旨在挖掘海底物质,并筛选出由非洲大陆上的河流运送到那里的闪亮的碳基岩石。该船配备了 240t 的遥控海底履带车,可下降到 150m 的深度,并可挖掘深达 12m 的海沟。海底物质和水通过直径 65cm 的软管被泵送到船上。在船上,筛选和筛分设备处理原材料,直到只剩下富含钻石的残渣。每周将其空运上岸进一步处理。海水和不需要的物质则返回到海床。除了挖泥履带船外,该船还采用了自主水下航行器来制作钻石轨迹的三维图像,以便履带船进行采矿。它还将监测海床,以评估这些作业对海洋环境的影响。

如果从海底开采钻石对你没有多大吸引力,那么秘密打捞敌方潜艇又如何?20 世纪 70 年代初,古怪的矿业大亨霍华德·休斯(Howard Hughes)为他的全球海洋开发公司(Global Marine Development Inc.)建造了一艘名为"格洛玛探索者"(Glomar Explorer)号的船舶,用来收集海底的锰结核[1],如图 7.12 所示。事实上,这艘船是为中央情报局(central intelligence agency,CIA)建造的从海底秘密吊起一艘苏联的柴油电驱动的"高尔夫"Ⅱ级潜艇,它携带着 5 枚核弹道导弹。这艘编号为 K-129 的潜艇于 1968 年 3 月 8 日在距夏威夷 1560 海里处沉没。苏联舰队徒劳地寻找他们失踪的潜艇。但美国海军精确定位了它失事的地方,这要归功于一个水下窃听器网络,该网

知识链接:

[1] 锰结核也称为多金属结核,其是由围绕核心形成的铁和锰氢氧化物的同心层组成的卵形或球形岩石。它们具有经济价值,因为其含有贵重金属,而且海底有大量的贵重金属。

太空采矿与制造
—— 地外资源及变革性工程技术

络记录了潜艇猛烈而突然的失事过程。中央情报局被总统全权授权去不计成本地打捞残骸、核技术和密码本。因此,"格洛玛探索者"号船被委托建造,并释放了巧妙的"烟幕弹",它需要对媒体、施工人员保密,最重要的是对苏联保密。1974年夏,这艘船抵达失事地点,放下了一个巨大的爪状结构,该结构旨在从4.9km以下的海底抓住这艘废弃的潜艇[①]。回收打捞工作进行得很好,但爪子的故障导致潜艇断裂,实际上只有一小部分被带上岸。这是一个真正引人入胜的故事,其复杂性与回收一颗小行星并将其重新定位到一个新的轨道并没有什么不同,而你也不会面临对整个项目保密和编造表面故事的挑战。

知识链接:

① 为了掩盖它的任务,船上面向大海开放的区域(月池)被完全隐藏起来,爪子(名为"克莱门汀")在夜间从下面被带到船上,没有外部观察员会怀疑海浪下到底发生了什么。

图 7.12　(见彩图)"格洛玛探索者"号船(图片来源:Figure 7.12)

注:采矿装置遍布整个甲板,特别是船中部井架,这个壮观装置的目的看起来是进行超深海采矿,但真正的目的却是保密的。

一旦真正开采地外天体资源,它们将在轨道工厂中被加工制造成有用的产品,在那里可以充分利用空间环境特性。随着积累的经验增多,这类工业设施的复杂性和规模将不断增长,将出现无数相互连接的制造单元、贮箱,机器人平台、存储设施、访问航天器的对接口等。相比之下,国际空间站在面积和复杂性方面显得很小。这些轨道工厂将与一些最庞大的工业加工厂相媲美,如"壳牌前奏曲"(shell prelude),这是尚未离开港口的最大的浮式液化天然气(floating liquefied natural gas,FLNG)平台,如图7.13所示。它的工作是处理在偏远的海上油田开采的天然气,那里的储量非常稀少,浓度非常低,以至于安装专门的开采设施无利可图。在这些区域中,通过遍布油气田的海底或水面平台来获取天然气,然后再被运送到一个浮动平台,在那里它可以被处理、液化并储存在内部贮箱中。这是在偏远或深水地区开采天然气和碳氢化合物的有效手段,在这些地区,通往陆上加工厂的海底管道的成本效益不高。因此,这种平台取消了铺设的从处理设施到陆上终端的昂贵的长距离管道的需求。它们为较小的油田提供了一种经济上有吸引力的解决方案,这些油田可能在几年内就会枯竭,无法证明铺设管道的费用是合理的。一旦资源耗尽,平台可以移动到新的位置。在满载情况下,长488m、宽74m的"壳牌前奏曲"的排水量超过60万吨,是"尼米兹"级航空母舰的5倍以上,它的建造消耗了超过26万吨的钢材。它的设计是为了克服最恶劣的天气条件,包括五级飓风。它可以在深250m的海域工作,由四条系泊链固定,系泊链由吸力桩固定在海底。即使粗略地看一眼它的布局,也会发现它的顶部,从船头到船尾,是一个由管道、烟囱和支撑结构组成的迷宫,顶部有大型起重机。该设施将生产的天然气冷冻至-162℃,使其体积减小为原来的1/600。这些贮箱可容纳的液体总量相当于175个奥运会规格的游泳池。天然气连同液态丙烷等副产品被定期卸载到远洋运输船上,再由远洋运输船将其运送到陆地上的设施。

很明显,机器人技术将是大多数采矿活动所必需的。考虑到月球与地球的距离较近,虚拟现实和远程遥操作是可行的,但对于深空天体(即使是近地小行星),唯一明智的方法是使机器能够自主运行,只有在面临它预置程序中无法解决的挑战的情况下,才使用远程人工干预。人工智能将大量融入编程语言中。

再次说明,这对以地球为基础的工业来说,根本不是新鲜事。

图 7.13 （见彩图）Shell Prelude 浮式液化天然气平台设施（图片来源:Figure 7.13）

以力拓(Rio Tinto)公司为例,该公司是全球最大的金属和矿业公司之一,一直在澳大利亚的四座矿山运营自动化运输卡车、凿岩机和火车。无人驾驶卡车由 GPS 引导,并使用雷达和激光来发现障碍物。由于它们可以自主运行,从而可以花更多的时间工作,因为该软件不需要上厕所或换班,也不容易出现人为错误。它们的操作更具可预测性,这意味着可以更高效、更安全地移动更多材料。卡车由监控系统和中央控制器控制,中央控制器使用 GPS 导航道路和交叉路口,同时监控周围的交通活动。到 2019 年底,该公司预计将运营超过 140 辆自动驾驶卡车。远程控制功能还允许人类操作员处理远程自动化爆破钻孔系统。已经引进了自动列车,从 14 个矿山收集铁,并将其运送到 4 个港口码头。实际上是减少了对人类驾驶员的需求,减少了中途停留更换驾驶员的次数。由于取消了人类驾驶员典型的加速和刹车指令,长 2.4km 的列车运行速度提高了 6%。此外,由于该软件在如何使用刹车和其他控制方面比人类都更可预测和更温和,因此节省了列车维护费用。其他矿业公司正在迅速引入自动化系统,以节省时间和运营成本,并增加收入。

可以用多本书来列举人类工程的奇迹。但到目前为止,没有什么过于复杂或庞大的项目,是人类的聪明才智无法解决的,尤其是在有强烈研发愿望的情况下。在整个有记载的人类历史中情况都是如此,如埃及的金字塔、中国的长城、中世纪欧洲的大教堂和柬埔寨的吴哥那雄伟的庙宇。此外,还有一些现代土木工程的壮举,如跨度2.3km的中国三峡大坝,或高828m的迪拜哈利法塔摩天大楼,或18世纪铺设的长3000km的横贯大陆铁路,贯穿美国的大西洋和太平洋海岸。我们可以发现,上述工程均克服了地形带来的挑战。

从这个维度来看,我们应对挑战的能力使得在月球或小行星上采矿,或是在太空中制造产品的前景变得不令人畏惧,尽管目前这些任务可能看起来是野心勃勃的。

参考文献

[1] Adastrarocket. com. (2019). *Ad Astra Rocket* |. [online] Available at:http://www. adastrarocket. com/aarc/ [Accessed 1 Jul. 2019].

[2] Congress. gov. (2019). *Text-H. R. 2262-114th Congress (2015–2016):U. S. Commercial Space Launch Competitiveness Act*. [online] Available at:https://www. congress. gov/bill/114thcongress/house-bill/2262/text [Accessed 1 Jul. 2019].

[3] Czysz, P. and Bruno, C. (2009). *Future Spacecraft Propulsion. Enabling Technologies for Space Exploration*. 2nd ed. Springer International Publishing.

[4] Fircroft. (2019). *Engineering Feat of the Month:Berkut Oil Rig*. [online] Available at:https://www. fircroft. com/blogs/engineering-feat-of-the-month-berkut-oil-rig-62352216030 [Accessed 1 Jul. 2019].

[5] Geuss, M. (2019). *Mining co. says first autonomous freight train networkfully operational*. [online] Ars Technica. Available at:https://arstechnica. com/cars/2018/12/mining-companysays-first-autonomous-freight-train-network-is-fully-operational/ [Accessed 1 Jul. 2019].

[6] Gizmodo. com. (2019). [online] Available at:https://gizmodo. com/this-is-now-the-largest-oilrig-in-the-world-1596986687 [Accessed 1 Jul. 2019].

[7] Holos. (2019). *Home - Holos*. [online] Available at:http://www. holosgen. com/ [Accessed 1 Jul. 2019].

[8] ITER. (2019). *ITER - the way to new energy*. [online] Available at:https://www. iter.

org/ [Accessed 1 Jul. 2019].

[9] Nasa.gov.(2018).*Kilopower overview and mission applications*. [online] Available at: https://www.nasa.gov/sites/default/files/atoms/files/kilopower-media-event-charts-final-011618.pdf [Accessed 1 Jul. 2019].

[10] Nautilusminerals.com. (2019). *Nautilus Minerals*. [online] Available at: http://www.nautilusminerals.com/ [Accessed 1 Jul. 2019].

[11] Spaceresources.public.lu. (2017). *Draft Law on the Exploration and Use of Space Resources*. [online] Available at: https://spaceresources.public.lu/content/dam/spaceresources/news/Translation%20Of%20The%20Draft%20Law.pdf [Accessed 1 Jul. 2019].

[12] Shell.com. (2019). *Prelude FLNG in numbers*. [online] Available at: https://www.shell.com/about-us/major-projects/prelude-flng/prelude-flng-in-numbers.html [Accessed 1 Jul. 2019].

[13] Ship Technology. (2019). *Prelude Floating Liquefied Natural Gas Facility - Ship Technology*. [online] Available at: https://www.ship-technology.com/projects/prelude-floating-liquefiednatural-gas-flng/ [Accessed 1 Jul. 2019].

[14] Simonite, T. (2019). *This truck is the size of a house and doesn't have a driver*. [online] MIT Technology Review. Available

[15] The Art of Dredging. (2019). *The Art of Dredging*. [online] Available at: https://www.theartofdredging.com/peaceinafrica.htm [Accessed 1 Jul. 2019].

[16] Ubergizmo. (2019). *Diamond Mining Ship aka Peace in Africa*. [online] Available at: https://www.ubergizmo.com/2008/12/diamond-mining-ship-aka-peace-in-africa/ [Accessed 1 Jul. 2019].

[17] Unoosa.org. (1967). *Outer Space Treaty*. [online] Available at: http://www.unoosa.org/oosa/en/ourwork/spacelaw/treaties/outerspacetreaty.html [Accessed 1 Jul. 2019].

[18] Wesser, A. and Jobes, D. (2008). Space Settlements, property rights, and international law: could a lunar settlement claim the lunar real estate it needs to survive?. *Journal of Air Law and Commerce*, [online] 73(1). Available at: https://scholar.smu.edu/cgi/viewcontent.cgi?article=1159&context=jalc [Accessed 1 Jul. 2019].

[19] White, Jr, W. (n.d.). *Real Property Rights in Outer Space*. [online] Space Settlement Institute. Available at: http://www.space-settlement-institute.org/Articles/research_library/

WayneWhite98-2. pdf [Accessed 1 Jul. 2019].

图片来源

Figure 7.1：https：//www. flickr. com/photos/spacex/33578357343/

Figure 7.2：NASA SP-428 Space Resources and Space Settlements. (1979). [pdf] NASA, p. 294. Available at：http：//www. ntrs. gov [Accessed 25 Jul. 2019].

Figure 7.3：Space Fission Propulsion and Power. (2018). [pdf] NASA, p. 5. Available at：http：//www. ntrs. gov [Accessed 25 Jul. 2019].

Figure 7.4：http：//www. adastrarocket. com/aarc/ImageGallery

Figure 7.5：The Holos Reactor：A Distributable Power Generator with Transportable Subcritical Power Modules. (2017). [pdf] p. 11. Available at：https：/osf. io/73vq9/ [Accessed 25 Jul. 2019].

Figure 7.6：The Holos Reactor：A Distributable Power Generator with Transportable Subcritical Power Modules. (2017). [pdf] p. 26. Available at：https：/osf. io/73vq9/ [Accessed 25 Jul. 2019].

Figure 7.7：Kilopower overview and mission applications. (2018). [pdf] NASA, p. 10. Available at：http：//www. nasa. gov/sites/default/files/atoms/files/kilopower-media-event-charts-final-011618. pdf[Accessed 25 Jul. 2019].

Figure 7.8：https：//englishrussia. com/wp-content/uploads/2014/06/110. jpg

Figure 7.9：http：//www. nautilusminerals. com/IRM/content/images/ac. jpg

Figure 7.10：http：//www. nautilusminerals. com/irm/content/gallery/seafloor/SPE ％ 20 (4). jpg

Figure 7.11：http：//www. nautilusminerals. com/IRM/content/images/cm. jpg

Figure 7.12：https：//commons. wikimedia. org/wiki/Category：USNS_Glomar_ Explorer_(T-AG-193)

Figure 7.13：https：//www. shell. com. au/media/prelude-flng-media-library. html

第 8 章
为了全人类的利益

8.1 开采太空资源

太空探索的真正动机是更好地保护好地球。考古学表明,地球文明如果不能管理好其有限的资源,或者忽视修复对环境造成的破坏,可能会面临崩溃。

没有比复活节岛(Easter Island)更远的地方了。美国历史学家贾里德·梅森·戴蒙德(Jared Mason Diamond)在他的著作《崩溃:社会如何选择失败或生存》(collapse:how societies choose to fail or survive)中描述了太平洋地区森林破坏的最极端例子,也是世界上最极端的例子之一:整个森林消失了,所有树种都灭绝了。岛上居民直接面临生活物资的损失、捕获野生食物的损失和农作物产量下降,对岛民来说这是灾难性的。随着自然资源的枯竭,他们再也无法制造用于近海捕鱼的海上独木舟,不能再通过燃烧木材或建造庇护所来保护自己免受寒冷、多风冬天的侵蚀,不能再继续树立岛上特有的雕像。砍伐森林使风雨侵蚀土壤,进一步剥夺了岛上居民的食物来源,这严重限制了他们的耕作。不幸的是,随着戴蒙德的讲述,他们生活在最脆弱的环境中,是所有太平洋居民中森林砍伐风险最高的,以前复杂而统一的社会在内战的肆虐中崩溃了。对剩余资源(主要是植物和木材)控制权的争夺,导致了人类最惨绝人寰的行为之一:同类相食。

复活节岛可能在空间和时间上远离我们的现实世界,但它是人类现代社会一个引人注目的类比项。岛上居民与世隔绝,与世界其他文明隔着太平洋,因此无法寻求帮助。就像地球存在于无垠的太空海洋中一样,与任何其他可居住的星球(如果确实存在)隔绝。他们无法逃离出所在的狭小领土,而且已经把它变得一文不值。同样,如果气候变化、污染和对资源的掠夺得不到遏制,并对人类的生存构成严重威胁,也会陷入困境。在结束对复活节岛灭亡的分析时,戴蒙德问道:"如果只是成千上万的复活节岛民仅凭石器和他们自己的肌肉力量就足以破坏他们的环境,从而摧毁他们的社会,那么现在拥有金属工具和机器力量的数十亿人怎么能不做得更糟呢?"

另一个很好的例子是查科阿纳萨齐(Chaco Anasazi),一个从公元600年开始在新墨西哥州西北部的查科峡谷(Chaco Canyon)居住了数百年的社会。正如戴蒙德所写的:"这是一个组织复杂、地域广阔、区域一体化的社会,它建造了前哥伦布时期北美最大的建筑。"他们成功地驯服了脆弱的沙漠环境,其特点是降雨量低且不可预测,土壤迅速枯竭,森林生长率极低,最后他们崩溃了。"在六个世纪的时间里,查科峡谷的人口不断增长,对环境的需求不断增加,环境资源不断减少,人们的生活越来越接近环境所能承受的极限。"在这次崩溃之后,他们无法想象该地区的第一批农民会怎样重建他们的社会?因为"最初的条件是附近有大量的树木,高地下水位,没有阿罗约斯(Arroyos)河流的平坦河漫滩没有消失"。如果我们的现代工业化和全球化社会崩溃,它会重新崛起并重现辉煌吗?

复活节岛和查科阿纳萨齐是小文明社会,与我们相互联系的世界相比很小,我们可能会试图坐在我们的桂冠上说服自己,我们的社会太大所以不会失败。也许是这样,但玛雅人的衰落是一个警醒,即使是发达的、文化先进的社会也不可能幸免于崩溃。戴蒙德指出了它们崩溃的几个原因,如"污染超过了可用资源……大多数的农民在太多的土地上种植了太多的作物",导致污染超过了任何可用的资源,直到没有一块土地是完好无损的。第二个原因是"森林砍伐和山坡侵蚀的影响,导致在我们需要更多农田的时候,可用农田数量却在减少,并可能因森林砍伐造成人为干旱、土壤养分耗竭和其他土壤问题恶化"。随着当地气候的变化,人们被迫迁移到新的地区,直到最后,"附近没有可供重新开始的未占用的宜居土地,所有人口都无法在少数几个继续有可靠供水的地区居住。"我们应该认识到,玛雅人与我们的社会是多么惊人的相似。

戴蒙德对文明如何崩溃的分析指出:破坏环境是罪魁祸首,无论这些社会多么复杂。他将环境破坏分为12类:森林砍伐和栖息地破坏;土壤问题(侵蚀、盐碱化和土壤肥力丧失);水管理问题;过度捕猎;过度捕捞;将新物种引入本地物种;人口增长;增加人口的人均影响;人类造成的气候变化;有毒化学物质在环境中的积累;能源短缺;人类充分利用地球的光合能力。

其中一些类别,特别是有毒化学品在环境中的积累和对自然生态环境的破坏,受到资源开采和制造业的严重影响。在第1章中看到了人类是如何破坏环境并用污染来压垮它的。我们正处于破坏生物圈的危险之中,而生物圈是人类物种的生命支持系统。

我们登上月球是为了应对一种政治和意识形态的威胁,这种威胁的严重性引发了整个国家进入冷战模式,并实现了一个不可能实现的梦想:在月球上行走。现在,整个人类物种正受到比那些意识形态冲突更严重的威胁。意识到我们的现代社会与灾难性崩溃的文明是多么相似,我们不仅将空间视为一个不断探索的地方,而且将其视为一种宝贵的资源,可以保障人类物种的长期愿景,把它变成一种太空文明。作为回报,这将减轻我们给地球带来的压力。

再次强调,太空制造业不是灵丹妙药,不是解决所有人类不当行为的良药,但它确实有可能成为解决办法之一。地外天体采矿最初将与地球采矿并驾齐驱,然后逐步会成为我们的主要资源供应者。在没有生命的太空真空环境中,资源开采对环境无害。

通过获取太阳系的巨大资源,地外采矿也可能在缓解资源稀缺带来的政治压力方面发挥作用,这一问题正受到越来越多的关注。Sendhil Mullainathan 和 Eldar Shafir 在他们的 *Scarcity*: *The Ture Cost of Not Having Enough*(《稀缺:缺乏不足的真正代价》)一书中,解释了稀缺是如何俘获心灵的……它改变了我们的思维方式。它影响我们的思想,资源匮乏会引发焦虑,导致不满和挣扎。因为我们被匮乏所占据,我们的思绪不断地回到它,从而对生活的其余部分缺乏思考,它使我们缺乏洞察力,缺乏前瞻性思维,缺乏控制力,专注于某件事意味着忽视其他事情。实际上,稀缺导致我们"一心一意地专注于管理手头的稀缺"。

事实上,我们越来越频繁地通过宣布经济制裁来进行这种"一根筋"式的管控。例如:贸易战;在管辖权受到广泛争夺的领土上建立前哨站,因为它们可以在控制关键资源供应或商业路线方面提供战略优势;政府与公司之间达成的关于独家开发土地及其资源的协议,往往无视当地居民和地方武装冲突的可能性。正如经常发生的那样,上述冲突所涉及的国家充斥着腐败,基本上对公民的福利或环境保护毫无兴趣。最终,当我们的社会感受到资源稀缺的影响时,这可能很容易引发更大规模的冲突,因为个别国家不顾后果,通过确保获得关键资源来寻求保护自己的利益。还记得玛雅人吗?正如戴蒙德所说,他们解体的另一个原因是"战斗加剧,因为越来越多的人为争夺越来越少的资源而战斗。玛雅战争,已经流行,在崩溃前达到顶峰。战争将进一步减少可用于农业的土地数量,在各国之间创造无人地带,现在在那里耕种是不安全的"。我们最好关注一下,资源稀缺有一天会如何引导我们走向同样的命运。

我们可以加大力度开采低品位矿石,前提是我们愿意接受一些恶劣的后果。例如,资源开采主要是能源问题,而不是数量问题,这就是我们首先要开采高品位矿石的原因。因为它们更容易获得,所以对提取和处理它们所需的能源要求并不是特别高。相比之下,低品位矿石现在才刚开始被勘测和开采,因为开采它们确实需要更多的能源。这需要运输越来越复杂的设备,然后在艰苦的地方组装——还记得"壳牌前奏曲"吗?它必须被设计成在更恶劣的环境中工作——还记得贝尔库特石油钻井平台吗?一般来说,如果一种矿石丰度是另一种更丰富的矿石丰度的1/10,那么开采同样数量的矿产资源就需多10倍的能量。同时关于开采低品位矿石所带来的浪费问题也需要引起足够重视,矿石的浓度越低,需要转移和处理的岩石和土壤的数量以及选矿所需的化学品就越多。因此,进一步加剧了污染和环境退化。此外,正如意大利佛罗伦萨大学的物理化学教授乌戈·巴尔迪(Ugo Bardi)在其著作《提炼:对矿产财富的追求是如何掠夺地球的》(*Extracted: How the Quest for Mineral Wealth is Plundering the Planet*)中提醒我们的那样:"采矿和金属生产行业使用的总能源可能接近世界能源生产总量的10%，而且随着我们只能获得更低等级的资源，这一比例只会增加。"所以，我们看到资源稀缺和能源生产是相通的。事实上，正如巴尔迪指出的那样："矿石品位下降的问题也发生在化石燃料上，能源变得越来越多，但生产能源的成本变得越来越高。"这包括由太阳能、潮汐能和风能产生的能量。除非我们能够生产更多的能源，以满足因开采低品位矿石而增加的需求，否则资源短缺将继续对社会构成威胁。与此同时，能源需求的增加只会造成额外的环境破坏，因为制造太阳能电池帆板、风车、蓄电池组和传输电线等能源生产设备所需的资源已经在不断减少，而这些资源都是从低品位矿石中提取的。

  循环利用可以最大限度地利用现有资源，同时最大限度地减少浪费，其优点毋庸置疑，但也有缺点。巴尔迪提醒我们："在世界上的大多数地方，从来没有努力以这样一种方式来管理废物，使其易于从中获取有用的材料。因此，在过去几个世纪中进入世界经济的许多矿物，今天却积累在垃圾填埋场中或分散在生态系统中，从我们不计后果地肆意丢弃甚至倾倒入海洋的废物中提取矿物，是一项十分艰巨的任务，我们不太可能合理地回收其中的大部分，垃圾填埋场中稀有金属的平均浓度很低。一个更困难的问题是金属被混合在一起。因此，将垃圾填埋场当作矿山开采，需要复杂而昂贵的分离技术和大量的能源，也会造成大量污染。"采矿垃圾填埋场并非没有风险，有其自身的缺点，比如持久产生恶臭与细菌污染的有机废物，不利于工人的安全。此外，垃圾填埋场包含各种锋利的物品、毒药、爆炸物、有毒气体，以及存在更多的潜在危险。巴尔迪还对"向下循环"提出了警告，向下循环指的是"回收材料的质量通常低于用原始矿物制造的相同材料"。例如，考虑到食品和饮料罐头中的铝，通常它与镁形成合金，分离这些金属以供再利用则需要付出很大的努力。另一个有代表性的例子是钢铁。不同应用导致产生多种类型钢铁配方，由于合金元素数量的控制，将不同类型的钢材制成的部件熔化会导致钢的质量较低，使得回收钢成为输入钢的平均值，因此不适用于要求苛刻的结构应用。巴尔迪说，底线是"大多数材料都不能无限循环利用"。此外，循环利用过程还需要能源、水，通常还需要投入额外的资源。通过收集、回收和运输，循环利用也会产生新的负担。因此"在我们的未来，真正不可避免的是高品位矿石的消失，以及它们所包含的元素以无法回收的形式散布在地球的各个角落。"

替代是另一种方法,但也有其局限性。例如,有些元素的性质非常特殊,以至于识别替代品需要我们发明一种新的冶金学或新的材料物理学,否则在特定的任务应用中是不可能的。此外,资源短缺是一个普适问题,而不仅仅是应对一两种特定矿物的枯竭。例如,如果我们希望在电子应用中用铝取代铜,对资源的需求将简单地转移到铝,而铝的消耗速度将比预计的更快。并且如果一个替代品的效率较低,这将需要改变给定设计的应用程序,从而导致其消耗更多的能量来执行相同的功能。很容易理解,对于消费者来说,替代品可能会急剧加速资源消耗,并引发能源需求飙升,从而产生与预期相反的效果。

低品位矿石的开采、回收、再利用和替代都是缓解资源短缺的有效措施,只要可行,就值得探索,但必须记住,它们也无法避免物理和化学方面的缺陷或限制。开采空间资源可以克服这些障碍,或者至少有助于补偿这些障碍,从而获得针对我们社会未来资源和能源需求的综合解决方案,同时保护地球环境。太空采矿将在来自太阳能丰富、持续和免费的环境中进行。开采在天体上的低品位矿石极具价值,太空采矿将能够提供替代和向下循环所缺乏的资源。

8.2 太空制造的好处

因为轨道工厂处于太空的真空环境中,它们将是地球上的同类工厂的补充,而不会危及充满人类生命的环境。因为它们不会与任何生物圈发生相互作用,所以它们产生的热量和废物不会造成伤害。

太阳能将作为运行耗电设施所需的取之不尽的能源。太空制造将生产哪些商品?理想情况下,什么都行。更实际的是,太空制造的第一个任务将是演示第7章中讨论的几种高科技应用。然后,它可以集中精力生产有限数量的商品,根据需求供地球人消费,例如用于电动汽车、计算机和电子设备的电池。正如人们常说的那样,"太空才是极限。"由于可能性是无限的,我们不应局限于自己猜测什么可能被制造或不可能被制造出来。

事实上,太空工厂具备建造和组装大型基础设施的潜力,如太阳能卫星系统。这一概念于1973年12月由Peter E. Glaser获得专利(专利号3781647)中提出,可将太阳的辐射能在太空设备中转化为微波能,然后以微波能的形式辐射传输到地球上对应的收集器,如图 8.1 所示。因此,避免了太阳辐射被地球大气层吸收和突然中断的问题,因为微波可以最小的吸收和散射率穿过大气。通过接收太阳能并将其转换为微波能的形式,可在地球上分散的不同区域收集微波能,而不必考虑太阳辐射的可用性,与在地面直接收集太阳能方式相关的主要缺点被最小化。自上述概念被提出后,NASA 和工业界都对它进行了深入研究。在专业文献中,关于这一主题的卫星外形和参数比比皆是。但轨道上所需配置的太阳能收集器的规模庞大(可达几平方公里),因此一直使得这个概念停留在纸面上。简单地说,用地球上制造的部件组装如此大规模的基础设施,将需要耗费大量的原材料并通过多次发射,导致该方案难以实现,其缺点将大大超过优点。然而,如果地外天体资源采矿及制造能够实现,这个概念将变得可行。估计具体数字各不相同,但一定数量的太阳能卫星系统可以轻松地为人类社会提供能源,并帮助发展中国家提升到发达国家所享有的繁荣水平。

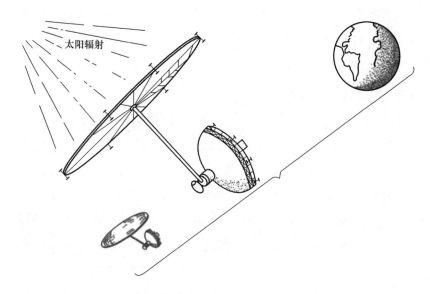

图 8.1　Peter E. Glaser 在其专利中设想的太阳能卫星系统示意图(图片来源:Figure 8.1)
注:由一个大型收集器收集太阳光并将太阳能转化为微波,然后发射到地表上。未示出的是接收天线,其中微波能被转换为电能并被发送到终端用户。为了最大限度地提高效率,太阳能卫星系统将在地球静止轨道上运行,以便它们能够始终面对地面上的同一接收点。卫星姿态控制系统用于保持收集器始终面向太阳。

杰勒德·K·奥尼尔(Gerard K. O Neill)和他的许多追随者(包括本书作者)期待着在太空中能够建成容纳数百万人的殖民地。实现这一目标肯定需要一段时间,但在此期间,与太阳能卫星系统同等现实的应用是太空农场。

正如美国记者兼教育家理查德·海因伯格(Richard Heinberg)在其著作《巅峰一切:唤醒衰落的世纪》(*peak everything: waking up to the century of decline*)中所写的那样:"农业现在是人类对全球环境破坏的最大单一来源。这种损害表现为土壤侵蚀和盐碱化;砍伐森林(使更多土地用于耕种的战略);肥料径流①(在河口周围形成巨大的"死亡区");生物多样性丧失;淡水缺乏;以及水和土壤的农用化学品污染。"这意味着,如果我们要保护环境,生产更多的粮食来养活不断增长的人口,并不是一个可行的解决方案。

正如埃里克·曾西(Eric Zencey)在其著作《另一条通往奴役和可持续民主之路》(*the other road to serfdom and the path to sustainable democracy*)中指出的那样,存在一种积极的反馈机制,"粮食短缺导致农业扩张,而农业扩张减少了自然生态系统及其生态系统服务,最终导致农业损失,导致粮食短缺……我们可以尝试将更多的土地用于耕种——但代价是增加我们失去其他东西的速度,即我们的文明所依赖的生态系统,包括我们养活自己的能力。"

此外,我们可以种植的粮食数量受到土壤的肥力、水和阳光三个因素的限制。正如曾西所说,在廉价的能源石油经济中,我们已经突破了前两个限

知识链接:

① 径流是指降雨及冰雪融水或者浇地时在重力作用下沿地表或地下流动的水流。径流有不同的类型,按水流来源可有降雨径流和融水径流以及浇水径流;按流动方式可分为地表径流和地下径流,地表径流又分坡面流和河槽流。

制,利用石油的能量将氮固定到人造肥料中,并将淡水泵入旱地,而旱地在大自然的生态系统设计中是不适合耕种的。当石油耗尽时,它对农业的巨额补贴也将终止。

就太阳光而言,太阳将在未来数十亿年内持续发光发热,因此我们将不必为短期内没有太阳光而烦恼。尽管如此,我们确实需要考虑太阳光是光合作用的驱动力,这是一个复杂的化学反应过程,使植物能够生长为食物。考虑到地球表面面积是有限的,且只有有限的一部分土地适合作为耕地,因此为人类和所有其他生物物种种植出粮食的能力是有限的。就像资源稀缺和环境问题可以推动对地外资源的开发和利用一样,太空农业将减轻因需要养活不断增长的人口而对环境造成的压力。太空农业也将不受变幻莫测的自然现象的影响,如洪水和干旱这些自然现象通常是因为我们自己造成的气候变化所导致的。当可用于农业生产的大片地区受到这类事件的影响时,由此造成的粮食生产损失可能会对整个国家的福祉产生影响,甚至影响更大,视情况而定损失的农作物种类。恢复通常是缓慢的,如果在此期间发生了另一场自然灾害,恢复可能会进一步推迟。

到目前为止,在太空农业领域只进行了少量微不足道的研究。重点是更好地了解植物在零重力环境下的行为,并为长期执行任务的航天员提供治疗时间。在月球或火星上建立一个小型地外科研站的意愿一直存在,这激发了人们的兴趣。显然,太空农业将需要认真关注,以及建立一个类似于轨道工厂的研发计划。一个好的起点是研究在太空中以工业规模种植粮食的最佳方法,以评估在零重力环境下是否可行,或者是否需要某种程度的人工重力。在地球上的方法,如水培和垂直农业,肯定是太空试验中最受欢迎的候选方法之一。温室可以在地球上制造并发射,以创建一个由多个模块组成的太空农场。这将有助于掌握致力于种植粮食而不是制造产品的基础设施的工作原理。随着时间的推移以及天基制造业的发展,这种模块可以在地外天体原位制造,也许可以使用地外天体提供的矿物资源。第一个太空农场可以用来种植主食和不易腐烂的食物。最终,他们会饲养牲畜。再次强调,太空才是极限。考虑到太空农业需要我们人工建设和维持类似于地球上的栖息地,它可能会帮助我们找到更好的解决方案来保护地球的自然环境。

8.3 展望未来

发展太空文明并不容易,将会有大量的尝试和犯错以及进入死胡同等等,任重而道远。人类太空探索的第一个十年从尤里·加加林进入轨道开始,以人类在月球上行走结束。太空制造业不太可能出现如此迅猛快速的发展,但这也很好,因为我们不是在谈论仅仅在其他星球插上旗帜并带回一些样本。相反,其目的是深刻地改变目前的太空探索模式,在传统模式中,地外世界的活动只出现在基础科学、技术应用和支持未来月球和火星任务的领域。在新的发展模式中,太空是一个强有力的盟友,支持我们对地球及其独特生物圈的管理。

我们可以将太空制造业的诞生与18世纪第一次工业革命的开始进行比较,其标志是英格兰北部出现了第一台蒸汽动力机器,用于从深层中抽水。该工程的创造力产生了大量的机械化系统和新的制造工艺,才有了现代社会的形成。当托马斯·纽科门(Thomas Newcomen)在1712年成功地发明第一台活塞式发动机时,没有任何迹象表明,他的设备将标志着一场工业革命的开始,而这场工业革命将在大约250年后,为人类提供了能在月球上行走的工具。其他工程师也是如此,他们在蒸汽机、新材料技术、新制造工艺、桥梁和建筑物的建造等方面"修修补补"。我们的现代社会是在没有明确的总体规划情况下,从这种创造力中诞生的。

因此,即使是最有才华的未来学家也很难准确地预测250年后的人类社会是什么样子?我们不能假装可以详细地说明建立天基制造业的每一个步骤。相反,可以确定需要克服的障碍(如第7章所讨论的),并制定加快进展的最佳行动方案。画家在把颜料放到画布上之前所做的计划是需要制作草图,研究图案形状、几何和照明,设计场景。如果做得好,就是一件杰作。

在空间基础设施研发方面,我们目前仍处于初步规划阶段。我们知道自己想要什么,但只有草图能帮助我们开始。这就是为什么第7章强调了那些需要解决的主要障碍,但没有具体说明应该首先使用哪种采矿方法,或者应该首先实验哪种零重力环境的制造工艺,或者首个太空工厂应该设计生产什么。只有类似于国际空间发展组织(IOSD)的组织才有足够的智慧和能力来回答这些问

太空采矿与制造
—— 地外资源及变革性工程技术

题,评估实验结果并获得信心。但与第一次工业革命相比,我们至少已有一个粗略的规划大纲。

我们已经习惯了以智能手机、汽车、计算机等消费技术的形式进入家庭的快节奏创新。但是,同样快速的创新和获得有利的结果不会成为开创天基制造业的特征。正如第一次工业革命时期的工程师们不得不与机械故障、结构倒塌、压力容器爆炸等问题做斗争一样,必须认识到失败是会有的,我们不得不以坚韧不拔的精神忍受这些挫折。当生命丧失时,这将特别困难。

这意味着我们不应该紧盯着最后期限,因为进展很少符合预期。"肯尼迪时刻"属于过去,事实上,它们只是作为政府在下次选举中赢得选票的政治议程。正如第1章所述,几届政府试图确定具体日期,但都失败了。试图强制加快进展速度,特别是对于如此大规模的项目是毫无意义的。这就是为什么我们无法回答所有的一切"何时"会发生的问题。仅仅是奠定基础的轨道工业就需要几十年的时间,该工业可以足够熟练地使用地外天体资源来自给自足。我们很可能不会再看到未来发生的这一切,但可以肯定的是,到本世纪末,太空采矿和制造业将成为人类社会不可或缺的一部分。

生活在一个以利润为基础、以持续增长为动力的经济体系中,不可避免的问题是它要花费多少钱? 这种努力的结果是在遥远的未来,它要求我们作为一个社会,停止只考虑经济利润/利益,并开始认识到我们有道德义务为后代留下一个更美好的地球,无论金钱成本如何。

人类是否有道德权威去牺牲地球的福祉,仅仅因为它在我们当前的经济模式下无利可图[a]? 正如曾西(Zencey)所指出的那样:"主流经济学家热衷于自由市场资本创造财富,从而将人类社会提升到物质享受的高度,这一能力确实令人印象深刻,但他们忽视了这一基本的物理事实,即经济活动需要从环境中吸收有价值的物质和能量,并将废弃的物质和能量排放回环境中。因为地球本身是有限的,它在没有生态退化的情况下维持任何一种循环的能力都是有限的。"现在是时候把保护我们的生物圈和地球的宜居性作为优先事项,并放弃公然忽

---

a 如果你对此表示怀疑,想想为什么企业更愿意投资于那些环境保护法律不存在或者不像西方世界那样严格的国家? 或者为什么公司正在游说某些发达国家放松他们目前严格的环境保护制度?

视资源稀缺和破坏环境的经济模式了[a]。

这就是为什么有意避免讨论地外采矿业和制造业可能对全球经济产生的任何影响,因为这种变化将是深远而关键的,现在试图进行预测是毫无意义的。就像许多旨在遏制排放、减少环境破坏和应对气候变化的倡议和战略一样,我们不能用金钱来衡量保护地球生物圈的代价,因为这将使我们的物种得以存续。

反对太空殖民的常见反对意见是,我们应该在太空中浪费资源之前先解决地球上的所有问题。答案很简单,当我们实现这样一个崇高的愿景时,对环境和社会来说可能为时已晚。如果我们不开发太空中的资源,就有可能被困在一个荒凉的地球上。我们目前的文明肯定无法长期可持续地生存,我们的物种甚至可能灭绝(图 8.2)。

图 8.2 (见彩图)从月球看地球(图片来源:Figure 8.2)
注:"阿波罗"14 号载人飞船的航天员埃德加·D. 米切尔(Edgar D. Mitchell)回顾了他在月球轨道上欣赏地球的经历,他说:"你会立即产生一种全球意识,一种以人为本的意识,一种对世界现状的强烈不满,以及一种想要做点什么的冲动。"让我们为人类和我们的地球家园建立一个太空计划。

---

a 与后资本主义增长和生态经济有关的运动越来越多,寻求开发新的经济模式,在资源有限的地球和需要保护的环境的现实中提供资金。如果你对这个话题感兴趣,那么埃里克·曾西(Eric Zencey)的书《通往奴役的另一条路》(the Other road to serfdom)(本章引用)是一个很好的起点。

我们必须开始思考更美好未来的愿景，不断提醒自己——就像复活节岛的居民一样——地球是唯一能让人类生存的"好客岛屿"。事实上，据我们所知，它是宇宙中唯一拥有如此多样化生物圈的星球。我们保护着那些我们认为值得为子孙后代保存的文物，我们同样有义务保护我们的地球和地球上的一切。许多有才能的人正在努力使我们在太阳系的家园变得更美好。本书已经表明，发展太空采矿与制造业是解决方案的一部分。让我们通过一项值得进行的太空计划来保护地球和人类的未来。

参考文献

［1］Glaser, P.（1973）. *Method and apparatus for converting solar radiation to electrical power.* US patent #3,781,647. Filed July 26, 1971. Granted December 25, 1973.

［2］O'Neill, G. K.（1978）. *The High Frontier：Human Colonies in Space.* Bantam Books.

［3］Ophuls, W. and Boyan, S.（1992）. *Ecology And The Politics Of Scarcity Revisited：The Unravelling of the American Dream.* Palgrave Macmillan.

［4］Zencey, E.（2012）. *The Other Road to Serfdom and The Path to Sustainable Democracy.* University Press of New England.

图片链接

Figure 8.1：Method and apparatus for converting solar radiation to electrical power.（1973）. Patent 3,781,647.

Figure 8.2：https：//www.flickr.com/photos/nasacommons/5052124705/in/album-72157625096855580/

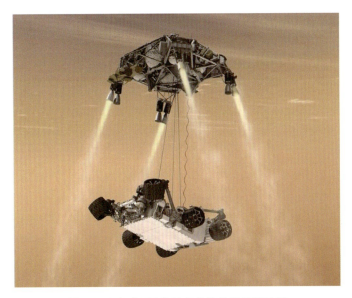

图1.2 "好奇"号火星车着陆前的最后时刻

注:空中起重机由一个平台组成,该平台由四组小型火箭推进器负责悬停稳定,这些推进器在火星车上方点火,同时通过绞链和绳索将火星车轻轻降至水面。(图片来源:Figure 1.2)

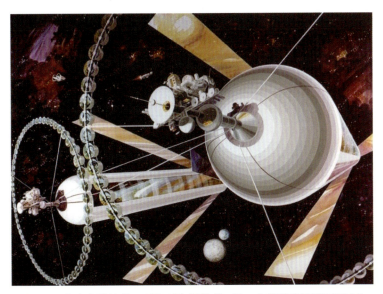

图1.3 艺术家描绘的一对奥尼尔圆柱体(每一个都能容纳数百万人)

(图片来源:Figure 1.3)

图5.11 将尾流屏蔽设施从航天飞机的货舱中移出,源单元装置在平台的尾流侧可见

(图片来源:Figure 5.13)

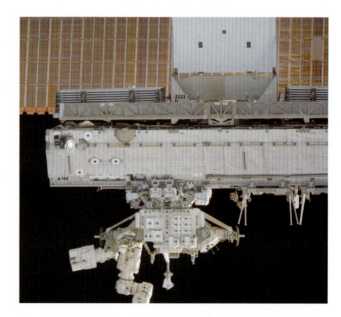

图6.15 国际空间站上的移动运输系统(图片来源:Figure 6.15)

注:该系统在舱外活动期间可以移动机械臂和航天员。

图 6.17 国际空间站的桁架结构两侧放置的两个备件储存平台

(图片来源:Figure 6.17)

图 6.19 毕格罗可扩展活动舱在国际空间站上的当前位置(用白色圆圈突出显示)
(图片来源:Figure 6.19)
注:虽然毕格罗可扩展活动舱与其他模块相比较小,但它是更大型充气舱的先驱,将扩大我们在太空中生活和工作的能力。

图 7.1 在另一次成功发射后,SpaceX 公司的"猎鹰"9 号运载火箭的第一级即将着陆(图片来源:Figure 7.1)

图7.8 贝尔库特石油钻井平台(图片来源:Figure 7.8)

图7.9 鹦鹉螺矿业公司的辅助切割机(图片来源:Figure 7.9)

彩005

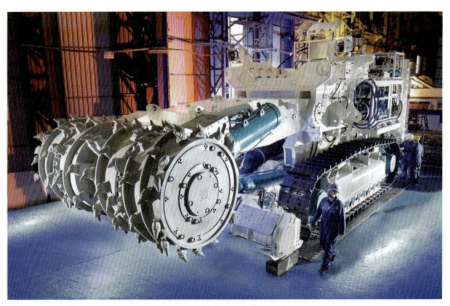

图 7.10　鹦鹉螺矿业公司的批量切割机(图片来源:Figure 7.10)

图 7.11　鹦鹉螺矿业公司的收集机(图片来源:Figure 7.11)

图 7.12 "格洛玛探索者"号船(图片来源:Figure 7.12)

注:采矿装置遍布整个甲板,特别是船中部井架,这个壮观装置的目的看起来是进行超深海采矿,但真正的目的却是保密的。

图 7.13 Shell Prelude 浮式液化天然气平台设施(图片来源:Figure 7.13)

图 8.2 从月球看地球(图片来源:Figure 8.2)

注:"阿波罗"14 号载人飞船的航天员埃德加·D. 米切尔(Edgar D. Mitchell)回顾了他在月球轨道上欣赏地球的经历,他说:"你会立即产生一种全球意识,一种以人为本的意识,一种对世界现状的强烈不满,以及一种想要做点什么的冲动。"让我们为人类和我们的地球家园建立一个太空计划。